디지털 논리회로설계

강민섭 著

 21세기사

이 도서의 국립중앙도서관 출판예정도서목록(CIP)은 서지정보유통지원시스템 홈페이지(http://seoji.nl.go.kr)와 국가자료공동목록시스템 (http://www.nl.go.kr/kolisnet)에서 이용하실 수 있습니다.(CIP제어번호: CIP2016019903)」

머 리 말

최근 반도체 설계 기술 및 공정 기술이 급속한 발전으로 인하여 다양한 고성능 디지털 시스템들이 양산되고 있으며, 그 중에서도 마이크로프로세서는 공장 자동화, 각종 산업용 기기의 제어 장치, 임베디드 시스템 설계 등과 같은 분야에 널리 이용되고 있다.

이러한 디지털 시스템을 설계하려면 디지털 논리회로 설계에 대한 기초 지식이 필요하며, 디지털 논리회로 설계는 전기 및 전자, 정보통신, 컴퓨터 분야 전반에 걸쳐 가장 기본적인 필수 학문 중 하나다.

디지털 논리회로 설계는 컴퓨터 하드웨어 구성에서 기본 소자로 이용되고 있는 디지털 회로의 기초 부분으로, 컴퓨터 하드웨어의 구성 및 동작 원리를 이해하고 이를 바탕으로 디지털 시스템을 설계, 분석, 제작에 필요한 능력을 배양할 수 있다.

본 교재는 컴퓨터 구조, 마이크로프로세서, 임베디드 시스템 등의 선수 과목이라 할 수 있으며, 다양한 디지털 시스템을 이해하려면 반드시 디지털 회로설계 과목을 먼저 학습해야 한다.

본 교재에서는 디지털 논리회로를 이해하기 위하여 제 1장에서는 디지털 시스템, 논리 레벨과 펄스 파형, 그리고 디지털 논리 연산에 관한 내용을, 제 2장에서는 수의 체계와 코드화 시스템에 대해서 소개한다.

제 3장에서는 디지털 논리회로에서 사용되는 표준 게이트들(AND, OR, NOT, NAND, NOR, EX-OR, EX-NOR) 등을 다루며, 제 4장은 부울대수, 부울대수를 이용한 논리회로 설계, 부울 함수의 대수적 간략화, 표준형 부울 함수, 맵에의 간략화 방법, 퀸-맥클러스키의 간략화 방법 등으로 구성되어 있다.

제 5장에서는 조합 회로의 설계 및 분석 과정을 소개하고, 다양한 종류의 가산기를 포함한 조합 논리회로의 설계 개념을 소개하고, 제 6장은 클럭 펄스, 다양한 종류의 래치와 플립플롭, 비동기 입력, 플립플롭의 타이밍 특성, 그리고 Master-Slave 플립플롭 등을 다룬다.

제 7장에서는 동기 순서회로의 설계 과정 및 동기 순서회로의 설계 예를 다루고, 제 8장에서는 다양한 레지스터와 카운터의 설계 및 동작을 소개한다.

제 9장에서는 ROM, PLA, RAM, 그리고 플레시 메모리의 설계 및 동작 원리를, 제 10장에서는 비동기 회로의 분석 및 설계과정을 다룬다.

끝으로 이 책을 출간하기 까지 많은 도움을 주신 21세기 출판사 이범만 사장님 및 직원 여러분께 감사를 드린다.

2016년 8월
저자 씀

CONTENTS

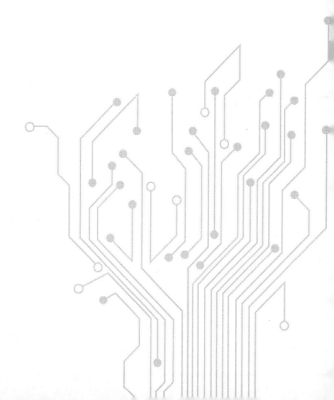

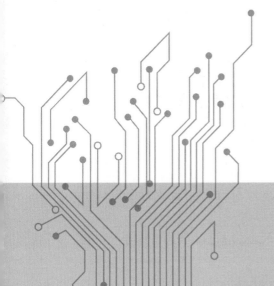

| 제1장 |

디지털 시스템의 개요

디지털 시스템의 개요

1-1 디지털 시스템

시스템(system)은 취급하는 데이터의 형태와 그 표현 방법에 따라 크게 디지털 시스템 (digital system)과 아날로그 시스템(analog system)으로 나눈다. 디지털 시스템은 이산 (불연속) 정보(discrete information)를 처리하는 시스템이다. 이 시스템은 숫자나 기호, 또는 물리적인 양을 나타내는 디지털 데이터를 입력으로 받아들여서 이 데이터를 처리한 다음, 처리된 결과를 디지털로 출력하며, 디지털 컴퓨터가 이에 속한다.

아날로그 시스템은 이산 정보를 취급하는 디지털 시스템과는 달리 연속적인 정보 (contineous information)를 처리한다. 이 시스템은 온도, 압력, 각도, 속도, 전압과 같은 아날로그 데이터를 입력으로 하여 처리를 행하고, 처리된 결과를 아날로그 형태로 출력하 며, 아날로그 컴퓨터가 이에 속한다.

1-1-1 디지털 신호와 아날로그 신호

물리적인 양은 언제나 아날로그가 사용된다. 예를 들어 온도계에서 수은이 위치하는 곳 은 아날로그이고, 시계에서 바늘의 위치도 또한 아날로그이다. 디지털 컴퓨터는 숫자와 같 은 이산 데이터만을 처리하는 시스템이므로, 물리적인 양을 나타내는 아날로그 데이터를 디지털 컴퓨터에서 사용하기 위해서는 데이터 입력을 디지털 형태로 변환해 주어야 한다. 이러한 변환은 아날로그-디지털 변환기(ADC : Analog-Digital Converter)를 이용하여 수행한다. 그림 1은 디지털 신호와 아날로그 신호의 비교를 나타낸다.

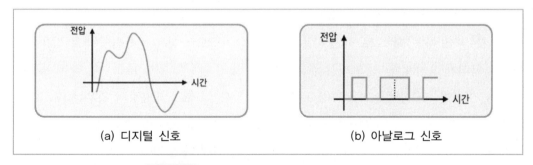

(a) 디지털 신호　　　　(b) 아날로그 신호

그림 1-1 디지털 신호와 아날로그 신호의 비교

디지털 컴퓨터는 0과 1의 두 개의 숫자만을 사용하는 이진(binary) 시스템이며, 여기서 디지털이란 컴퓨터 내부의 정보가 제한된 수의 불연속적인 값으로 표현됨을 의미한다. 하나의 2진 숫자를 비트(bit)라 하며, 디지털 컴퓨터 내에서의 정보는 비트들의 그룹으로 표현된다.

1-1-2 디지털 정보의 표현

디지털 정보의 단위로는 비트(bit)와 바이트(byte) 등이 있는데 비트는 컴퓨터의 정보를 나타내는 가장 기본적인 단위로써 Binary digit 의 약자이다. 디지털에서는 꺼졌다(0)와 켜졌다(1) 의 두 가지 경우로 표현되며 이러한 0과 1 로 표현되는 정보의 처리 단위가 바로 비트이다. 일반적으로 비트는 소문자 b로 표현한다. 비트 조합의 단위에 따라 니블(nibble), 바이트(byte), 그리고 워드(word)로 구분할 수 있다.

바이트는 컴퓨터가 처리하는 정보의 기본 단위이며, 8 비트를 1 바이트로 표현한다. 1 바이트가 표현할 수 있는 정보의 개수는 2^8(256) 이 되며, 보통 표시할 땐 대문자 B 로 표현한다.

니블은 4 비트, 바이트는 8 비트, 그리고 워드(word)는 한 단위로 취급되는 비트들의 집합으로 정의된다. 예를 들어서 8 비트 컴퓨터에서 1 워드는 1 바이트가 되지만, 16 비트 컴퓨터에서는 2 바이트, 32 비트 컴퓨터에서 4 바이트가 된다.

하지만 바이트는 굉장히 작은 단위이기 때문에 큰 용량의 파일이나 저장 장치의 용량을 바이트만 으로 표현하기엔 부적절 하다. 그래서 컴퓨터에서도 다른 대부분의 단위가 그러하듯 SI 단위(10진 단위) 라는 표준 단위를 사용하여 큰 단위의 수를 보다 간결하게 표현하고 있다. 이러한 SI 단위 에서 사용하는 단위는 보통 $1,000(10^3)$배가 기준이 된다. 이러한 SI 단위는 10진수를 기준으로 하기 때문에 2진수를 기준으로 하는 컴퓨터에 바로 적용하면 약간의 문제가 생기게 된다. 그래서 컴퓨터와 같이 2진 단위를 위한 IEC 단위 라는 표준이 있으며, 이러한 IEC 단위는 $1,024(2^{10})$가 기준이 된다. 그래서 대용량의 경우는 IEC 단위 인 Ki, Mi, Gi, Ti 등을 사용하여 나타내며, bit는 소문자 b, byte는 대문자 B를 용량단위 뒤에 붙여서 사용한다. 표 1-1은 SI 단위와 IEC 단위에 대한 비교를 나타낸다.

표 1-1 SI 단위와 IEC 단위의 비교

십진수			이진수		
값	SI		값	IEC	
1000	K	kilo	1024	Ki	kibi
1000^2	M	mega	1024^2	Mi	mebi
1000^3	G	giga	1024^3	Gi	gibi
1000^4	T	tera	1024^4	Ti	tebi
1000^5	P	peta	1024^5	Pi	pebi
1000^6	E	exa	1024^6	Ei	exbi
1000^7	Z	zetta	1024^7	Zi	zebi
1000^8	Y	yotta	1024^8	Yi	yobi

표 1-2는 컴퓨터에서 사용하는 용량 단위를 정리한 것이다. 이 표기에서는 관례적으로 사용하는 SI 단위 표기법과 표준인 IEC 단위 표기법을 함께 표시한다.

표 1-2 컴퓨터에서 사용하는 용량 단위

SI 표기		IEC표기		내용	
이름	기호	이름	기호	2진기준	값 (Byte)
kilo byte	KB	kibi byte	KiB	2^{10} Byte	1,024
mega byte	MB	mebi byte	MiB	2^{20} Byte	1,048,576
giga byte	GB	gibi byte	GiB	2^{30} Byte	1,073,741,824
tera byte	TB	tebi byte	TiB	2^{40} Byte	1,099,511,627,776
peta byte	PB	pebi byte	PiB	2^{50} Byte	1,125,899,906,842,624
exa byte	EB	exbi byte	EiB	2^{60} Byte	1,152,921,504,606,846,976
zetta byte	ZB	zebi byte	ZiB	2^{70} Byte	1,180,591,620,717,411,303,424
yotta byte	YB	yobi byte	YiB	2^{80} Byte	1,208,925,819,614,629,174,706,176

원래 SI 단위와 IEC 단위는 가각 K, M, G, T, P, E, Z, 와 Ki, Mi, Gi, Ti, Pi, Ei, Zi, Yi 이지만 저장 장치에서 용량을 표기할 때는 Byte인 B와 결합하여 표기하기 때문에 B를 포함하여 표기한다. 그리고 각각의 용량은 한 단계씩 넘어갈 때 마다 1,024 배가 된다. 즉 1,024KB = 1MB 이고 1,024MB = 1GB, 1,024 GB = 1TB, 1,024TB = 1PB 등과 같다.

1-1-3 디지털 컴퓨터

모든 컴퓨터의 경우 속도는 다르지만 서로 비슷한 구조를 갖고 있으며, 본질적으로 같은 기능을 수행한다. 디지털 컴퓨터의 하드웨어 구성도는 크게 중앙 처리장치(CPU: Central Processing Unit), 입출력 프로세서(IOP: input-output processor), 입출력 장치, 그리고 주 기억장치(main storage)로 나눌 수 있다. 그림 1-2는 디지털 컴퓨터의 블록도를 나타낸다.

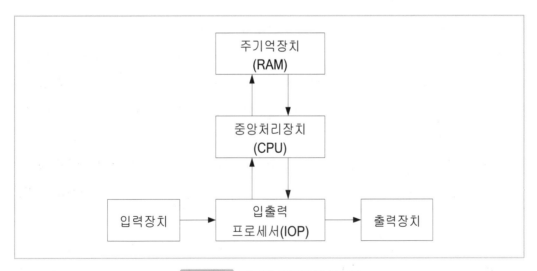

그림 1-2 디지털 컴퓨터의 블록도

(1) 중앙 처리장치

중앙 처리장치는 산술논리 연산장치(ALU: Arithmetic & Logic Unit), 다양한 레지스터들(registers) 그리고 제어장치(control unit)로 구성된다. 그림 1-3은 CPU의 내부 구성도를 나낸다.

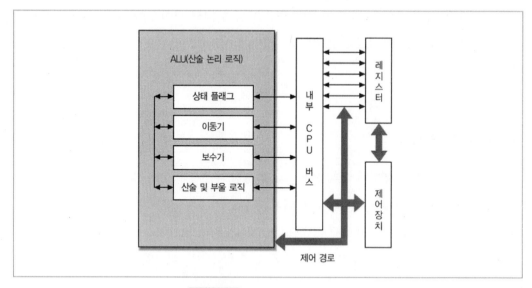

그림 1-3 CPU의 내부 구성도

ALU는 각종 산술 연산들과 논리 연산을 수행하는 회로들로 이루어진 하드웨어 모듈이다. 여기서 상태 플래그는 ALU의 연산 결과의 상태를 나타내는 플래그(flag)를 저장하는 레지스터이다. 이동기는 데이터의 좌측, 또는 우측으로 이동시키는 기능을 가진 레지스터(shift register)이다. 보수기(complementer)는 데이터에 대해서 2의 보수 연산을 취한다(음수화한다).

산술 및 부울 로직은 산술 연산과 논리 연산을 수행한다. 여기서 산술 연산이란 덧셈, 뺄셈, 곱셈, 나눗셈을 말하며, 논리 연산으로는 AND, OR, NOT 그리고 쉬프트(shift) 연산 등이 있다.

한편, 레지스터 모듈은 컴퓨터의 기억장치들 중 액세스속도가 가장 빠르며, 다양한 기능을 수행하는 많은 레지스터가 CPU 내부에 존재한다. 명령 레지스터(instruction register)는 가장 최근에 인출된 명령어가 저장되어 있는 레지스터이며, 다른 일반 레지스터(general purpose registers)들은 처리를 위해 필요한 자료들을 임시로 저장한다.

제어장치는 컴퓨터 프로그램을 구성하고 있는 명령어들을 해독(decode)하고, 그 결과에 따라 명령어 실행에 필요한 동작들을 수행시키기 위한 제어신호들(control signals)을 발생하는 장치이다.

(2) 입출력 프로세서

입출력 프로세서(IOP)는 컴퓨터와 외부 장치와의 통신과 데이터 전송을 제어하는 부분이다. 입출력 프로세서는 자율적인 프로세서로서, 만약 완전히 독립적으로 동작을 못하면, IOP는 동작의 시작과 입출력에 관한 결정을 하는 데, CPU의 도움을 요구한다. IOP는 범용 컴퓨터로서, 시스템 버스를 통해서 DMA 장치로 주기억 장치와 통신을 하며, 하나 이상의 입출력 버스를 통해서 입출력 장치들과 통신하게 된다. 컴퓨터의 입 출력장치에는 키보드, 프린터, 터미널, 자기 디스크 장치 등이 있다.

(3) 주기억장치

주기억장치의 또 다른 이름은 RAM(Random Access Memory)이다. 주기억장치의 특수한 형태인 ROM(Read Only Memory)은 프로그래머(programmer)가 그 내용을 바꿀 수가 없다. ROM은 제조업자에 의해 내용이 고정되어 단지 읽혀지기만 하며, 전원과 관계없이 그 내용이 지워지지 않고 영원히 남아있다. 마이크로 컴퓨터 시스템의 전원을 켜면 ROM 안의 프로그램이 자동적으로 실행되어 컴퓨터 시스템은 사용 준비 상태로 된다. 결국 ROM 프로그램은 초기 화면에 프롬프트(Prompt)를 생성한다.

ROM이 변형된 형태 중의 하나가 PROM(Programmable ROM)이다. PROM은 사용자가 원하는 프로그램이나 자료를 초기에 넣을 수 있으나 일단 저장된 후에는 ROM과 똑같이 작동한다.

테이프와 디스크 같은 자기 보조기억장치와는 달리 주기억장치는 기계적인 움직임이 없으며, 빛의 속도에 가까운 전자 속도로 자료를 읽거나 저장한다. 오늘날 대부분의 컴퓨터는 주기억장치를 만드는 데 CMOS(Complementary Metal-Oxide Semiconductor) 기술을 사용한다.

주기억장치의 기능은 프로세서가 실행할 프로그램과 데이터를 임시 저장하는 역할을 한다. 모든 프로그램과 자료는 실행되거나 처리되기 전에 반드시 입력장치(터미널)나 보조기억장치(디스크)로부터 주기억장치로 보내져야 한다. 주기억장치는 적은 공간에 수요는 많아서 항상 부족한 상태이다. 그러므로 한 프로그램의 실행이 끝나면 이 프로그램이 차지하고 있던 주기억장치의 공간은 다음에 실행될 프로그램에 의해 재 사용된다. 기억장치와 관련된 자세한 내용은 제 9장에서 소개한다.

1-2 논리 레벨과 펄스 파형

디지털 회로의 논리 기능을 기술하기 위하여 부울대수를 사용하는 경우, 디지털 회로에 있어서의 전기적인 두 상태 H(High), L(Low)과 부울대수의 2치 1, 0를 어떻게 대응시킬까 하는 것이 문제가 된다. 여기서 H는 전압 레벨이 높다는 것을, L은 전압 레벨이 낮다는 것을 표시한다. H와 L에 논리치 1과 0을 할당하는 방법은 두 가지가 있을 수 있다.

1-2-1 정 논리와 부 논리

H를 1(논리-1)로, L을 0(논리-0)으로 할당할 경우를 정 논리(positive logic)라 한다. 반대로 H에 0(논리-0)을, L에 1(논리-1)을 할당하는 방법을 부 논리(negative logic)라 한다. 표 1-3은 정 논리와 부 논리에 있어서 H, L과 0, 1의 대응 관계를 나타낸다. 이 어느 한쪽 혹은 양쪽 방법을 혼합하여 디지털 회로의 각종 논리 기능을 나타낼 수 있다.

표 1-3 정 논리와 부 논리

정 논리	부 논리
H → 1	H → 0
L → 0	L → 1

정 논리와 부 논리는 실제의 신호값에 의해서 결정되는 것이 아니며, 오히려 두 신호값이 상대적 크기를 고려하여 전압 레벨에 논리치를 할당하는 것이다. 또 신호의 레벨 H와 L은 신호 전압의 극성에 의해 결정되는 것이 아니라 신호 전압의 상대적인 크기에 따라 결정된다.

IC 제조회사에서 제공하는 IC 자료에서 IC의 동작 함수를 1, 0이 아닌 H, L로 표기하여 제공하는 것이 일반적이며 논리치의 결정은 사용자가 결정하여야 한다.

그림 1-3는 TTL 게이트의 H, L로 표시한 진리표와 블록도, 그리고 정 논리와 부 논리 상태에 따른 진리표와 게이트 기호를 나타낸 것이다.

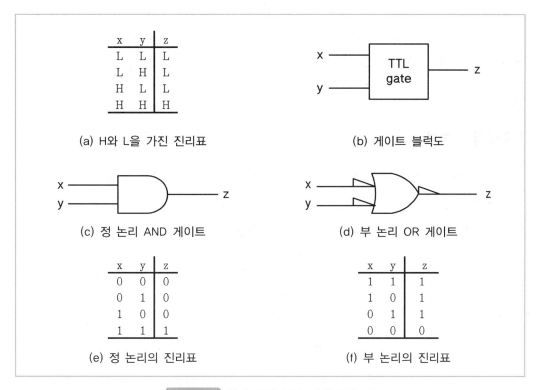

그림 1-3 정 논리와 부 논리에 대한 예

그림 1-3(e)는 정 논리에 대한 진리표를 나타내며, 이 진리표는 정 논리 시스템에 있어서의 AND 게이트(그림 1-3(c))에 대한 진리표와 동일하다.

그림 1-3(d)는 부 논리 OR게이드를 나타내며 입력과 출력측의 작은 심깅형은 극성 표시자(polarity indicator)를 의미한다. 이러한 게이트는 입력단자에 부 논리가 인가됨을 의미한다. 그림 1-3(e)의 진리표에서 알 수 있듯이 정 논리 AND 게이트와 부 논리 OR 게이트는 논리적으로 서로 같다는 것을 알 수 있다. 정 논리의 진리표(그림 1-3(e))를 부 논리 진리표로 표현하면 그림 1-3(f)와 같다.

또한, 정 논리 NAND 게이트와 부 논리 NOR 게이트, 정 논리 XOR 게이트와 부 논리 XNOR게이트도 논리적으로 서로 동일하다. 따라서 정 논리와 부 논리에 따라 게이트의 출력함수가 달라짐을 알 수 있고, 부 논리로 동작하는 게이트를 표시할 때는 게이트의 입출력측에 작은 삼각형을 추가한다는 것을 유의해야 한다.

H, L에 논리치 1과 0을 할당하는 방법에 따라 정 논리나 부 논리로 게이트를 동작시키는 것은 가능하지만 대부분의 디지탈 시스템은 정 논리로 설계되고, 있으며, IC 제조회사들도 정 논리를 기준으로 자료를 제공하는 것이 일반적이다. 이 책에서 사용하는 모든 게이트는 정 논리 시스템을 사용하기로 한다.

1-2-2 펄스 파형

펄스(pulse) 파형은 low상태와 high 상태를 반복하는 전압레벨의 구성되며, 디지털 시스템서 매우 중요 한 역할을 한다. 그림 1-4는 이상적인 펄스 파형을 나타내며, A는 진폭을 의미한다. 그리고 τ는 펄스 폭(pulse width)을 T는 펄스 주기를 의미한다.

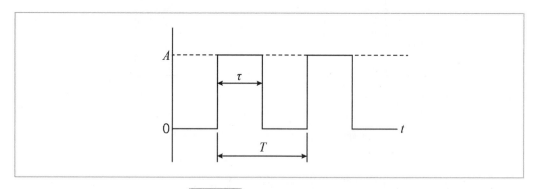

그림 1-4 이상적인 펄스 파형

양(positive)의 펄스는 일반적으로 0에서 1(진폭 A)로 되었다가 일정한 시간 후에 다시 0으로 반복되는 것이며, 음(negative)의 펄스는 이와 반대가 되는 경우이다.

이상적인 주기 펄스는 두 개의 에지로 구성이 된다. 양(positive)의 펄스에서 리딩 에지 (leading edge)를 상승 구간(rising going edge)이라 하고, 트레일링 에지(trailing edge)를 하강 구간(falling going edge)이라 한다. 동기회로에서 사용하는 클럭 펄스에 대해서는 제 6장에서 자세히 소개한다.

디지털시스템에서 사용하는 대부분의 파형은 일련의 펄스로 구성되고, 주기펄스와 비주기펄스로 나뉜다. 주기펄스는 일정구간에서 반복되는 파형이며, 비주기 펄스는 주기가 없는 파형이다. 주기(period)란 펄스 파형이 어떤 일정한 구간에서 그 파형이 반복되는 구간이다. 그리고 주파수(frequency)란 주기의 반복율, 즉 주기적인 파형이 1초 동안에 진동한 횟수이며 단위는 헤르츠(Hz))이다. 그러므로 주파수는 1초 동안에 주기가 몇 번 반복 되었는지에 따라 결정된다.

그림 1-5은 주파수와 주기와의 관계를 나타낸다. 1초 동안에 주기가 1회 반복하면 주파수는 1Hz가 되며, 주기도 1초가 되고, 1000회 반복하면 1000(1k) Hz가 된다.

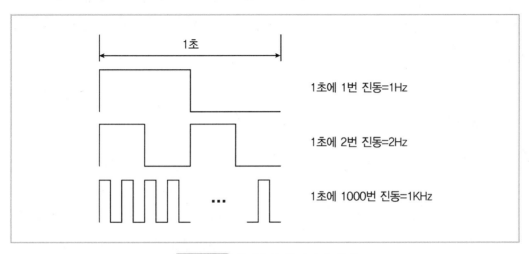

그림 1-5 주파수와 주기와의 관계

그러므로 주파수 f와 주기 T와의 관계는 역수 관계이며, 아래와 같이 표현된다.

$$f = 1/T, \ T = 1/f$$

주기적인 펄스 파형의 중요한 특성은 듀티 사이클(duty cycle)이다. 듀티 사이클은 아래와 같이 주기 T에 대한 펄스 폭 τ의 비를 백분율로서 정의하며, duty ratio(듀티 비)라고도 한다.

$$듀티 \ 사이클 = τ/T \ * \ 100[\%]$$

예를 들어서 High와 Low의 비율이 1:1일 때 50%가 되고, 6:4일때 60%가 된다.

1-3 디지털 논리 연산

부울 함수는 AND, OR NOT 연산자로 정의되며 연산 결과는 언제나 1, 또는 0으로 표현된다. 이때 결과는 수학적인 값 1 또는 0 아니라 명제의 참(1)과 거짓(0), 신호의 유(1) 또는 무(0), 그리고 스위치의 ON(1) 또는 OFF(0) 상태를 의미한다.

디지털 시스템은 기본적으로 2진 논리(논리 0, 논리 1)를 사용하여 연산을 수행하는 논리회로로 구현된다. 논리회로(logic gate)는 주어진 입력 변수의 값에 대하여 정해진 논리 함수를 수행하는 회로이며, 부울대수의 기본 연산자인 AND, OR, NOT 등의 연산을 수행하기 위한 회로이다.

1-3-1 AND 연산

전기 회로의 스위치가 ON, OFF 의 두 상태를 표현할 수 있다. 그림 1-6(a)는 2개의 스위치를 직렬로 연결한 AND-스위치 회로를 나타낸다. 이 그림에서 두 개의 스위치들(A, B)이 모두 닫히게 되면 상태는 ON이 되며, A와 B 중 어느 하나라도 열려 있으면 상태는 OFF가 된다. 즉, 2개의 조건이 있을 때에 모든 조건을 만족해야 결과가 참이 되는 회로이다.

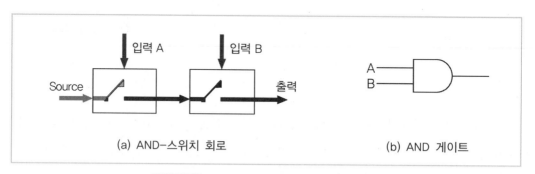

(a) AND-스위치 회로   (b) AND 게이트

그림 1-6 AND-스위치 회로와 AND 게이트

그림 1-6(b)는 AND 연산을 위한 AND 게이트의 심볼을 나타낸다. 대수식은 Y=AB 또는 Y=A·B이며, 연산 결과는 입력 값이 모두 1일 때만 결과가 1이 된다. 표 1-4는 AND 게이트, OR 게이트, NOT 게이트에 대한 진리표를 나타낸다.

표 1-4 AND, OR, NOT 게이트의 진리표

A	B	A·B	A+B	A'
0	0	0	0	1
0	1	0	1	1
1	0	0	1	0
1	1	1	1	0

1-3-2 OR 연산

그림 1-7(a)는 OR-스위치 회로를 나타내며, 두 개의 입력 A와 B 중 어느 하나라도 닫혀 있으면 ON 상태가 된다. 즉, 2개의 조건 중 하나의 조건만 만족해도 결과는 참이 되는 회로이다. 그림 1-7(b)는 OR 게이트의 심볼을 나타내며, 대수식은 Y=A+B이며, 연산 결과는 입력 A와 B중 적어도 한쪽이 1이면 출력이 1이 된다.

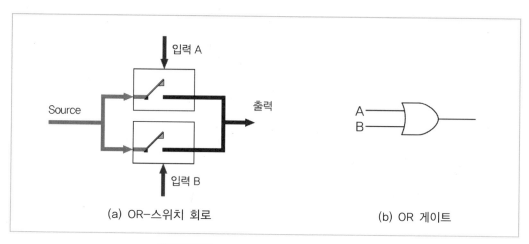

(a) OR-스위치 회로　　　　　　　　　(b) OR 게이트

그림 1-7 OR-스위치 회로와 OR 게이트

1-3-3 NOT 연산

그림 1-8(a)는 NOT-스위치 회로를 나타내며, 주어진 하나의 입력 조건에 대하여 출력이 반대(inverter)가 되도록 하는 스위치 회로이다. 그림 1-8(b)는 NOT 게이트의 심볼을 나타내며, 대수식은 F=A'이다. 즉, 입력 A가 1이면 출력 은 0, 입력 A가 0이면 출력은 1이 된다.

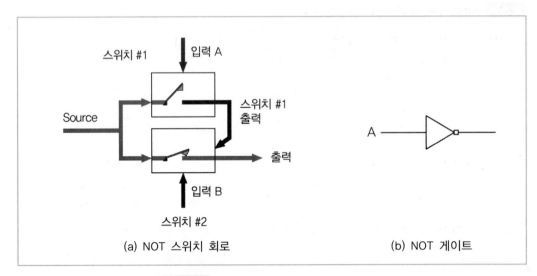

(a) NOT 스위치 회로   (b) NOT 게이트

그림 1-8 NOT–스위치 회로와 NOT 게이트

연습문제

01 아날로그 신호와 디지털 신호의 차이점에 대해서 설명하라.

02 디지털 컴퓨터에서 CPU의 구성요소 및 각각의 기능을 기술하라.

03 CPU에 사용되는 레지스터들 중에서 명령 레지스터(instruction register)의 역할은 무엇인가?

04 1초 동안에 주기가 100회 반복할 경우 이 때의 주파수는 몇 Hz인가?

05 아래 그림에서 주기적인 파형의 주파수에 대해서 아래 물음에 답하라.

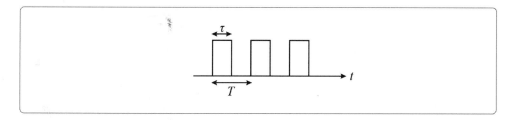

(1) 주파수 f = 100MHz 일때, 주기 T를 구하라.

(2) 듀티 사이클(duty cycle)은 몇 %인가? 단, τ=5μs, T=10μs이다.

06 정 논리 AND 게이트와 NOR에 대응되는 부 논리 게이트는 각각 무엇인가?

07 2개의 스위치를 가진 회로에서 1개의 스위치를 닫았을때 램프가 켜졌다. 어떤 유형의 게이트인가?

08 3개의 스위치를 가진 회로에서 2개의 스위치를 닫았으나 램프가 켜지지 않았을때의 게이트의 유형은 무엇인가?

09 아래와 같은 논리 게이트의 2-입력에 '1011'과 1100의 비트열을 동시에 인가 했을때 각 게이트의 출력 비트 열을 구하라.

(1) AND 게이트   (2) OR 게이트

10 정논리 AND 게이트와 부논리 OR 게이트의 논리적 동작이 서로 동일함을 증명하여라.

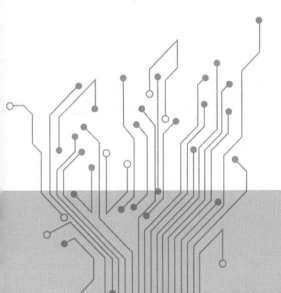

| 제2장 |

수의 체계 및 코드화 시스템

수의 체계 및 코드화 시스템

2-1 수의 체계

우리는 일상생활에서 주로 10진수(decimal number)를 사용하고 있지만, 컴퓨터의 내부에서의 디지털 정보는 2진수(binary number)로 표현된다. 따라서 컴퓨터를 이해하고 활용하기 위해서는 2진수에 대한 이해가 필요하게 된다. 2진수로 기억된 컴퓨터의 내용을 읽거나 쓰는 것은 불편하므로 8진수(octal number), 16진수(hexadecimal)로 변환하여 사용하기도 한다.

10진수, 2진수, 8진수 그리고 16진수에 대한 수의 체계(number system)는 표 2-1과 같다.

표 2-1 서로 다른 기수를 가진 수의 체계

10진 (밑수 10)	2진 (밑수 2)	8진 (밑수 8)	16진 (밑수 16)
00	0000	00	0
01	0001	01	1
02	0010	02	2
03	0011	03	3
04	0100	04	4
05	0101	05	5
06	0110	06	6
07	0111	07	7
08	1000	10	8
09	1001	11	9
10	1010	12	A
11	1011	13	B
12	1100	14	C
13	1101	15	D
14	1110	16	E
15	1111	17	F

2-1-1 10진수와 2진수

10진수의 체계에서 어떤 양(quantity)을 표현할 때 사용하는 기호는 0, 1, 2, 3, … 9까지의 10개의 숫자를 사용하여 모든 값을 표현하며, 10진수는 기수(base)를 10으로 하여 모든 수를 표현하고, 2진수는 기수를 2로 하여 0, 1로 필요한 모든 수를 나타낸다.

각 진법의 구별을 위하여 $(1234)_{10}$, $(1010)_2$와 같이 첨자를 붙여 사용한다. 10가지의 기호는 기호의 위치에 따라 10의 멱수가 곱해지며, 10의 멱수는 위치에 따른 가중치(weight)를 의미한다.

예를 들어 10진수 1234.567은 다음과 같이 표시할 수 있다.

$$(1234.567)_{10} = 1 \times 10^3 + 2 \times 10^2 + 3 \times 10^1 + 4 \times 10^0 + 5 \times 10^{-1} + 6 \times 10^{-2} + 7 \times 10^{-3}$$

여기서 숫자 1은 가장 큰 위치값(가중치)을 가지므로 MSD(Most Significant Digit)라 하며 숫자 7은 가장 작은 가중치를 가지므로 LSD(Least Significant Digit)라 한다. 이와 같은 10진수의 가중치를 나타낸 것은 그림 2-1과 같다.

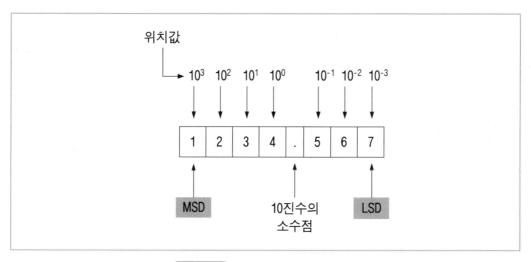

그림 2-1 10진수의 위치값(가중치)

일반적으로 정수와 소수 부분을 각각 n과 m이라 하고, r진수로 표현되는 어떤 숫자를 N이라 할 때, N은 식 (2.1)과 같이 표현할 수 있다.

$$N = (a_{n-1}a_{n-2} \cdots a_0a_{-1} \cdots a_{-m})_r$$
$$= a_{n-1}r^{n-1} + a_{n-2}r^{n-2} + \cdots + a_0r^0 + a_{-1}r^{-1} + a_{-2}r^{-2} + \cdots + a_{-m}r^{-m}$$
$$= \sum_{i=-m}^{n-1} a_ir^i \tag{2.1}$$

여기서 기수(radix) r(또는 밑수(base) r이라고도 함)은 1보다 큰 정수(integer)이며, a_i는 $0 \leq a_i \leq (r-1)$의 범위에 들어 가는 정수이다.

우리는 10진수를 사용하지만 디지털 시스템은 2진수를 사용한다. 왜냐하면 10진수는 10개의 서로 다른 전압 레벨을 표시해야 하기 때문에 디지털 시스템에서 사용하기가 매우 어렵다. 따라서 특수한 프로그램이 입력시 10진수를 2진수로 그리고 출력시에는 2진수를 10진수로 바꿔 주어야 한다.

2진수의 체계는 우리가 이미 잘 알고 있는 10진수 체계와 같은 원리를 기초로 한다. 두 숫자 체계 사이의 유일한 차이점은 2진수는 단지 두 개의 숫자 0과 1만을 사용하고 10진수 체계는 10개의 숫자 0부터 9까지를 사용한다는 것이다.

특정한 자릿수(digit)의 값은 여러 자릿수들이 연속적으로 나열되어 있는 숫자에서의 상대적인 위치에 따라서 결정된다.

임의의 r진수(2진수, 8진수, 16진수)를 10진수로 바꿀 수 있다. 먼저, 2진수를 $(1011.101)_2$를 10진수로 바꾸는 방법은 다음과 같다.

$$(1011.101)_2 = 1 \times 2^3 + 0 \times 2^2 + 1 \times 2^1 + 1 \times 2^0 + 1 \times 2^{-1} + 0 \times 2^{-2} + 1 \times 2^{-3}$$
$$= (11.625)_{10}$$

여기서 아래첨자 2와 10은 특정한 숫자를 표현하는 기수를 나타낸다. 가장 왼쪽에 있는 비트(leftmost bit)는 가장 큰 가중치를 가지므로 MSB(Most Significant Bit)라 하며, 소수부분(fraction part)의 가장 오른쪽에 있는 비트(rightmost bit)는 가장 작은 가중치를 가지므로 LSB(Least Significant Bit)라 한다. 이와 같이 2진수의 가중치를 나타낸 것은 그림 2-2과 같다.

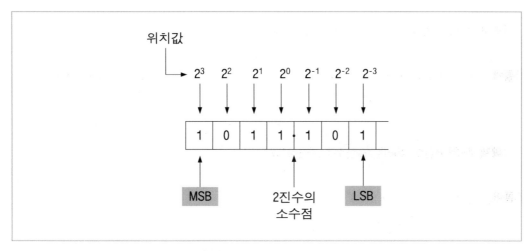

2진수의 위치값(가중치)

2-1-2 8진수와 16진수

디지털 컴퓨터에서 사용하고 있는 2진수는 임의의 수를 표현하는데 많은 자릿수를 필요로 하기 때문에 주로 8진수나 또는 16진수를 사용하여 표현하기도 한다. 따라서 2진수의 형태에서 8진수나 16진수의 형태로의 변환은 중요한 의미를 갖는다. 8진수(octal number)는 기수를 8로 하며, 사용하는 숫자는 0, 1, 2, … 7까지의 8개를 사용하는 수의 체계이다.

8진수를 $(224)_8$ 를 10진수로 바꾸는 방법은 다음과 같다.

$$(224)_8 = 2 \times 8^2 + 2 \times 8^1 + 4 \times 8^0$$
$$= (148)_{10}$$

또한, 16진수는 기수를 16으로 하여 숫자를 표현하며, 사용하는 숫자는 0, 1, 2, … 9, A(10), B(11), C(12), D(13), E(14), F(15)까지의 16개의 숫자를 사용하는 수의 체계이다. 16진수 F4D은 다음과 같이 10진수로 변환할 수 있다.

16진수 $(F4D)_{16}$를 10진수로 바꾸는 방법은 아래와 같다.

$$(F4D)_{16} = F \times 16^2 + 4 \times 16^1 + D \times 16^0$$
$$= 15 \times 256 + 4 \times 16 + 13 \times 1$$
$$= (3917)_{10}$$

[예제 2-1] 2진수 1010.11을 10진수로 변환하라.

풀이 $(1010.11)_2 = 1 \times 2^3 + 0 \times 2^2 + 1 \times 2^1 + 0 \times 2^0 + 1 \times 2^{-1} + 0 \times 2^{-2} + 1 \times 2^{-3} + 1 \times 2^{-4}$
$$= (10.75)_{10}$$

[예제 2-2] 8진수 456를 10진수로 변환하라.

풀이 $(456)_8 = 4 \times 8^2 + 5 \times 8^1 + 6 \times 8^0 + 5 \times 8^{-1}$
$$= (302.5)_{10}$$

[예제 2-3] 16진수 C8를 10진수로 변환하라.

풀이 $(C8)_{16} = 12 \times 16^1 + 8 \times 16^0$
$$= (200)_{10}$$

2-1-3 진수의 변환

r진수를 10진수로 변환하기 위한 기본식 (식 2.1 참조)은 정수부(integer part)와 소수부 (fraction part)로 나누어 표현되었다. 즉, 정수부는 자릿수가 증가함에 따라 r이 곱해지고, 소수부는 r로 나누어지고 있다. 따라서 정수부와 소수부를 계산하는 방법이 각기 다르기 때문에 10진수를 r진수로 변환하는 경우에는 정수 부분과 소수 부분을 따로 계산하여 합하면 된다.

(1) 10진수를 r진수로의 변환

정수인 경우, 10진수를 r진수로의 변환 과정은 먼저 10진수를 r진법의 기본인 r로 나눈다. 다음에 나눈 나머지를 r진법의 가장 하위 자리인 r^0의 수를 취한다. 몫이 더 나누어질 때까지 위의 방법을 계속 반복하며, 나머지는 그 다음 자리의 수를 취한다. 마지막으로 몫이 나누고자 하는 수보다 작으면 마지막 자릿수로 취한다.

10진수 $(17)_{10}$ 을 2진수로 변환하는 방법은 다음과 같다.

```
 2 | 17 ···    나머지
 2 |  8 ···     1    ↑
 2 |  4 ···     0    |
 2 |  2 ···     0    |
      1  ···     0         (17)₁₀ = (10001)₂
```

$(17)_{10} = (10001)_2$

10진수 $(125)_{10}$ 을 8진수로 변환하는 방법은 다음과 같다.

```
 8 | 125 ···    나머지
 8 |  15 ···      5    ↑
       1          7    |
                            (125)₁₀ = (175)₈
```

$(125)_{10} = (175)_8$

10진수 $(524)_{10}$ 를 16진수로 변환하는 방법은 다음과 같다.

```
 16 | 524 ···    나머지
 16 |  32 ···     12    ↑
        2           0    |
                             (524)₁₀ = (20C)₁₆
```

$(524)_{10} = (20C)_{16}$

소수인 경우 10진수를 r진수로의 변환은 10진수의 소수 부분이 0이 될 때까지 r진수를 곱하고 소수점 위로 올라오는 정수 부분을 위에서부터 차례로 취하면 된다.

10진수 $(0.3750)_{10}$ 을 2진수로 변환하는 방법은 다음과 같다.

```
    ⓪.3750 × 2
    ⓪.7500 × 2
    ①.5000 × 2
    ①.0000           (0.3750)₁₀ = (0.011)₂
```

$(0.3750)_{10} = (0.011)_2$

따라서 10진수 $(17.3570)_{10}$ 을 2진수로 변환하면 아래와 같은 결과를 얻을 수 있다.

$$(17.3750)_{10} = (10011.011)_2$$

다음에 10진수 $(0.625)_{10}$ 을 16진수로 변환하는 방법은 다음과 같다.

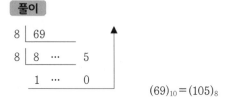

$$(0.625)_{10} = (0.A)_{16}$$

[예제 2-4] 10진수 69를 8진수로 변환하라.

풀이

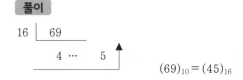

$$(69)_{10} = (105)_8$$

[예제 2-5] 10진수 69를 16진수로 변환하라.

풀이

$$
\begin{array}{r|l}
16 & 69 \\
\hline
 & 4 \cdots 5
\end{array}
$$

$$(69)_{10} = (45)_{16}$$

(2) 2진수, 8진수, 16진수의 상호 변환

2진수, 8진수 및 16진수의 상호 변환은 디지털 컴퓨터에서 중요한 역할을 한다. 2진수를 8진수로 바꾸기 위해서는 $8 = 2^3$이므로 소수점을 중심으로 하여 왼쪽으로 3비트(자리)씩, 그리고 오른쪽으로 3비트씩 묶어 8진수로 표현한다. 16진수로 변환하기 위해서는 $16 = 2^4$이므로 동일한 방법으로 4비트씩 묶어서 계산하면 된다. 이러한 예는 다음과 같다.

$$(101 \quad 100 \quad 010 \ . \ 110 \quad 100 \quad 000 \quad 101)_2 = (542.6405)_8$$
$$\downarrow \quad \downarrow \quad \downarrow \quad \downarrow \quad \downarrow \quad \downarrow \quad \downarrow$$
$$5 \quad 4 \quad 2 \quad 6 \quad 4 \quad 0 \quad 5$$

이와 같은 방법을 이용하면 2진수에서 8진수로의 변환이 용이하므로 2진수를 8진수로 표현하여 사용하는 경우가 많다.

2진수에서 16진수로의 변환은 2진수의 4비트를 16진수의 1자리에 대응시켜서 표현한다. 이러한 예는 다음과 같다.

$$(0010 \quad 1010 \quad 0110 \quad 1100 \ . \ 1111 \quad 0011)_2 = (2A6C.F3)_{16}$$
$$\downarrow \quad \downarrow \quad \downarrow \quad \downarrow \quad \downarrow \quad \downarrow$$
$$2 \quad A \quad 6 \quad C \quad F \quad 3$$

8진수 또는 16진수로부터 2진수로의 변환은 상술한 것과 반대 과정으로 수행하면 된다. 즉, 8진수의 경우는 각 숫자를 3비트로 구성된 2진수로 변환하면 되고, 16진수의 각 숫자는 그와 등가적인 4비트로 구성된 2진수로 변환하면 된다. 이러한 예는 다음과 같다.

$$(643.640)_8 = (110 \quad 100 \quad 011 \ . \ 110 \quad 100 \quad 000)_2$$
$$\downarrow \quad \downarrow \quad \downarrow \quad \downarrow \quad \downarrow \quad \downarrow$$
$$6 \quad 4 \quad 3 \quad 6 \quad 4 \quad 0$$
$$(36C.F)_{16} = (0011 \quad 0110 \quad 1100 \ . \ 1111)_2$$
$$\downarrow \quad \downarrow \quad \downarrow \quad \downarrow$$
$$3 \quad 6 \quad C \quad F$$

일반적으로 수의 마지막에 r진수임을 나타내기 위하여 첨자를 사용하지만 16진수에서는 다음과 같이 16 대신에 그 진수의 마지막에 H를 붙여서 사용하는 경우도 있다.

$$(36C.F)_{16} = 36C.FH$$

2-1-4 2진수의 산술 연산

디지털 시스템에 있어서 데이터는 2진수나 혹은 다른 2진 부호화 정보(binary-codes information)로 기술된다. 디지털 컴퓨터에서 기본이라 할 수 있는 2진수의 연산은 10진수의 경우와 비슷하나 캐리(carry)가 자주 발생한다. 예를 들어서 10진수는 더한 값이 9보다 클 때 캐리가 발생하지만 2진수의 경우는 더한 값이 1보다 클 때 캐리가 발생한다.

본 장에서는 기본적인 4칙 연산, 즉 덧셈, 뺄셈, 곱셈, 나눗셈에 대해서 설명한다. 이러한 연산을 구현하기 위한 논리회로는 제 5장에서 소개한다.

(1) 덧셈

2진수의 덧셈(addition)은 피가수와 가수에 대한 2진 연산이다. 다음은 2진수의 덧셈에 대한 기본 규칙을 나타낸다.

$$
\begin{aligned}
0+0&=0 \\
0+1&=1 \\
1+0&=1 \\
1+1&=10 \ (\text{캐리 1의 발생})
\end{aligned}
$$

피가수 $(1110)_2$과 가수 $(111)_2$에 대해서 덧셈 연산을 수행하면 다음과 같다.

$$
\begin{array}{r}
1110 \\
+\ \ 111 \\
\hline
10101
\end{array}
\qquad
\begin{array}{r}
14 \\
+\ 7 \\
\hline
21
\end{array}
$$

(2) 뺄셈

2진수의 뺄셈(subtraction)은 피감수와 감수에 대한 2진 연산이다. 다음은 2진수의 뺄셈에 대한 기본 규칙을 나타낸다.

$$0-0=0$$
$$0-1=1 \quad (윗자리\ 빌림(borrow))$$
$$1-0=1$$
$$1-1=0$$

뺄셈에서는 윗자리 빌림(borrow)이 발생하는 경우가 있다. 여기서 윗자리 빌림이라는 것은 보다 상위 자리에서 1을 빌려와서 1을 뺀다는 의미로 10진법의 뺄셈의 경우와 동일하다. 피감수$(1100)_2$과 감수$(1001)_2$에 대해서 뺄셈 연산을 수행하면 다음과 같다.

```
  1 1 0 0        12
- 1 0 0 1       - 9
─────────       ────
  0 0 1 1         3
```

(3) 곱셈

2진수의 곱셈(multiplication)은 피승수와 승수에 대한 2진 연산이다. 다음은 2진수의 곱셈에 대한 기본 규칙을 나타낸다.

$$0\times0=0$$
$$0\times1=0$$
$$1\times0=0$$
$$1\times1=1$$

2진수에 대한 곱셈에서는 부분 적(partial product)이 발생하며, 이 부분 적은 한 자리씩 왼쪽으로 쉬프트(left-shift)된다. 곱셈에 대한 결과는 생성된 모든 부분 적을 더하면 된다. 곱셈에 대한 부호는 피승수와 승수의 부호에 달려 있다. 만약 두 수의 부호가 같으면 결과는 +(positive)가 되고, 다르면 -(negative)가 된다. 2진수의 곱셈은 10진수의 경우와 동일하다.

피승수$(101)_2$과 승수$(110)_2$에 대해서 곱셈 연산을 수행하면 다음과 같다.

```
        1 0 1              5
    ×   1 1 0          ×   6
    ─────────          ──────
        0 0 0             30
      1 0 1
    1 0 1
    ─────────
    1 1 1 1 0
```

(4) 나눗셈

2진수의 나눗셈(division)은 10진수의 경우와 동일하며, 나눗셈을 위한 법칙은 2진수의 곱셈 및 뺄셈의 법칙을 적용한다. 몫(quotient)에 대한 부호는 피젯수와 젯수의 부호에 달려 있다. 만약 두 수의 부호가 같으면 몫은 +(positive)가 되고, 다르면 −(negative)가 된다.

피젯수$(1111.0)_2$과 젯수$(110)_2$에 대해서 나눗셈 연산을 수행하면 다음과 같다.

```
            1 0 . 1                    2 . 5
        ┌──────────              ┌──────────
  1 1 0 │ 1 1 1 1 . 0        6   │ 1 5 . 0
          1 1 0                    1 2
        ──────────                ──────────
            1 1   0                  3 0
            1 1   0                  3 0
          ──────────                ──────────
                0                      0
```

2-1-5 보 수

뺄셈 연산을 효과적으로 수행하고 논리적 조작을 쉽게하기 위한 방법으로 보수(complement)를 사용한다. 기수가 r인 수의 체계에서 보수는 r보수와 (r−1)의 보수가 존재한다. 이 절에서는 10진수의 보수에 대해서 알아보고 2진의 보수를 이용하여 뺄셈을 수행하는 방법에 대해서 다음절에서 소개한다.

10진수의 보수에는 9의 보수와 10의 보수가 있다. 먼저 자릿수가 n인 어떤 수 N에 대한 9의 보수는 $(10^n-1)-N$으로 정의할 수 있다. 예를 들어, 3527에 대한 9의 보수는 9999−

3527＝6472이다. 또한, 0564에 대한 9의 보수는 0000－0564＝9435이다.

9의 보수를 이용하여 큰 수에서 작은 수를 뺄셈할 경우, 먼저 작은 수에 대한 9의 보수를 구하고 이 보수를 큰 수에 더한다. 그리고 자리올림수(carry)가 발생하면 최하위 자리에 그 자리올림수를 더한다. 예를 들어, 10진수 86－68을 9의 보수를 이용하여 계산해 보자.

먼저 68에 대한 9의 보수를 구하면 31이 된다. 31과 86을 더하면 117이 되고 자리올림수가 발생하였다. 이 자리올림수를 최하위 자리에 더해 주면 최종적으로 우리가 원하는 답은 18이 된다. 이 과정을 설명하면 아래와 같다.

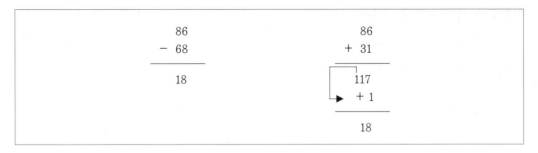

작은 수에서 큰 수를 뺄셈할 경우에는 자리올림수가 발생하지 않으며 이때 결과를 다시 9의 보수를 취하면 원하는 답을 얻을 수 있다.

10진수의 또다른 보수는 10의 보수이다. 10의 보수는 9의 보수를 구한 후 1을 더함으로써 만든다. 예를 들어, 10진수 456의 10의 보수는 9의 보수인 543에 1을 더한 544이다. 10의 보수를 이용하여 뺄셈을 수행할 경우도 자리올림수가 발생하면 자리올림수를 버린다는 것을 제외하고는 9의 보수를 이용하여 뺄셈을 수행하는 것과 동일하다.

2-1-6 음수의 표현

(1) 부호-크기 표현

음수는 부호를 표시하는 방법에 따라서 다르게 표현할 수 있다. 음수는 보통 －3850처럼 수치의 앞에 '－' 부호를 붙여서 표현한다. 이와 같이 수치와 부호용 심볼을 함께 사용하는 표현 방법을 부호-크기(signed-magnitude) 표현법이라 한다.

부호는 '＋'와 '－' 두 가지 경우가 있으므로 부호를 표현하기 위하여 하나의 비트가 필요하다. 이런 방법으로 정수를 표현하는 데 컴퓨터에서는 최상위 비트(MSB)로 부호를 표시하고 나머지 비트로 크기를 표시한다. 최상위 비트가 '0'이면 양수, '1'이면 음수임을 나타낸다.

그림 2-3은 부호-크기 표현법으로 8비트로 된 정수를 표현한 예를 보여준다. 정수의 표현에 있어서 음수와 양수는 단지 부호 비트만 다르다.

이 방법은 음수와 양수의 절대치를 같은 방법으로 표현하기 때문에 사용하기 쉽다. 그러나 몇가지 단점이 있는데 첫째, 표현할 수 있는 수의 크기가 작아진다는 것이다. 왜냐하면 부호가 한 개의 비트를 차지하기 때문에 표현 가능한 제일 큰 수는 부호 없이 표현한 가장 큰 수의 반이 된다. 부호 없이 8비트로 수를 표현하면 0에서 255까지 가능하지만 부호를 포함한 8비트 수의 제일 큰 수는 +127이 된다.

$$
\begin{array}{cc}
0 & 0001001 \\
\downarrow & \downarrow \\
\text{부호}(+) & \text{크기}(9) = +9
\end{array}
$$

$$
\begin{array}{cc}
1 & 0001001 \\
\downarrow & \downarrow \\
\text{부호}(-) & \text{크기}(9) = -9
\end{array}
$$

그림 2-3 부호-크기 표현법

$$
\begin{array}{r}
9 = 00001001 \\
+(-4) = 10000100 \\
\hline
5 \neq 10001101
\end{array}
$$

그림 2-4 부호-크기 표현법의 문제점

두 번째 단점은 정수를 처리하는 데 필요한 컴퓨터는 하드웨어와 관련이 있는데, 부호-크기 표현법을 사용한 컴퓨터는 덧셈 회로 외에 뺄셈에 필요한 회로를 별도로 갖추어야 한다는 점이다.

모든 컴퓨터에서 덧셈과 뺄셈 연산이 당연히 필요하다고 생각할 수도 있지만 사실 반드시 그런 것은 아니다. 예를 들어 '9−4'라는 연산을 생각해 보자. 연산법칙에 따라 이 문제는 '9+(−4)'로 생각할 수 있다. 그림 2-4는 부호-크기 표현법으로 표현된 +9와 −4가 그대로 더해지면 어떻게 되는지 보여주고 있다. 부호 비트까지 연산에 포함시켰기 때문에 결과가 틀렸다는 사실에 주목해야 한다. 그렇다면 문제는 올바른 결과를 얻을 수 있는 음수 표현법을 찾는 것이다.

이런 문제에 대한 해결책으로 고안된 두 가지 음수 표현법이 있는데 바로 '1의 보수법'과 '2의 보수법'이다. 다음에는 그 두 가지 방법에 대하여 설명한다.

(2) 1의 보수

2진수의 1의 보수(one's complement)는 각 비트들을 모두 반전시키면 된다. 즉, 2진수의 1은 0으로, 0은 1로 모두 바꾸어 준다. 이 결과로 2진수는 원래 수와 부호가 반대이고 크기가 같은 수가 된다.

$(01101010)_2$(십진수 : 106)에 대한 1의 보수를 취하면 $(10010101)_2$(십진수 : −106)이 된다. 부호-크기 표현법에서와 마찬가지로 최상위 비트는 부호 비트가 된다. 양수는 부호-크기 표현법의 수와 같다고 볼 수 있고 그 2진 표현으로 크기를 알 수 있다. 그러나 음수의 크기를 알기는 그렇게 간단하지 않다. 이것은 잠시 뒤에 알아보기로 한다.

보수가 가지고 있는 특성은 산술연산에서 아주 편리하게 쓰인다. 다시 '9−4'의 문제를 생각해 보자. 이미 언급한 바와 같이 이것은 '9+(−4)'로 생각할 수 있다. 9는 2진수로 $(0000101)_2$이 되고 +4는 $(0000100)_2$이 된다. 또, +4를 1의 보수법으로 −4로 변환하면 $(11111011)_2$가 된다.

1의 보수법에 의한 '9+(−4)'을 계산하면 그림 2-5와 같은 결과가 나온다.

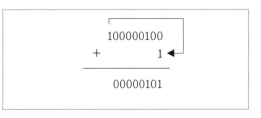

```
   00001001
+  11111011
───────────
  100000100
```

그림 2-4 +9와 −4의 덧셈 (1의 보수)

```
    100000100
+           1
───────────
    00000101
```

그림 2-5 1의 보수 연산에서의 자리올림 처리

그러나 그림 2-4의 결과에 뭔가 틀린 점이 있음을 알 수 있을 것이다. '9-4'는 5인데 그림 2-5의 해답은 5가 아니다. 사실 답은 주어진 비트수보다 하나가 더 많다. 그 초과된 비트는 부호 비트가 아니라 특별한 방법으로 다루어져야 할 자리올림수(carry)이다.

1의 보수법에 의한 연산에서 자리올림이 발생하면 그림 2-5에서 보여주는 바와 같이 그것을 제일 왼쪽 비트에서 떼어내 제일 오른쪽 비트에 더해 주어야 정확한 연산결과 $(00000101)_2$를 얻을 수 있다. 이 연산을 자리올림수 더하기(end-around carry)라고 하고 1의 보수법에 의한 연산에 있어서는 올바른 정답을 얻기 위해 반드시 그렇게 해주어야 한다.

그림 2-6은 1의 보수법에 의한 연산으로 작은 수에서 큰 수를 뺐을 때 '$(15)_{10} - (20)_{10}$'의 결과가 어떻게 되는지를 보여주고 있다.

$$+15 = 00001111 \qquad +20 = 00010100 \qquad 00001111$$
$$\text{비트들을 반전시키면} \qquad + \quad 11101011$$
$$-20 = 11101011 \qquad \overline{011111010}$$

그림 2-6 작은 수에서 큰 수를 뺀 경우(1의 보수)

이번에는 자리올림수가 0이므로 자리올림수 더하기는 필요치 않다. 그렇지만 예상하던 답이 나왔는가? 부호비트는 어떤가? 자리올림수 다음에 위치하는 부호 비트는 1이므로 해답은 당연히 음수이다. 그러나 보수형태의 음수를 보는 데 익숙치 못하므로 그것의 크기를 알아보기 위해서는 다시 그것의 보수를 취해 보아야 한다. 양수를 음수로 변환하는 것과 동일한 과정을 거치는 것이다. $(11111010)_2$의 보수는 $(00000101)_2$이고 10진수로는 5이다. 그러나 답은 음수이므로 그림 2-7의 해답은 당연하게 −5가 되는 것이다.

자리올림수 더하기의 방법이 뺄셈 회로를 필요로 하지 않는다는 점에 비해 비싼 대가를 치루는 듯이 보일지도 모르지만 사실은 그렇지 않다. 기존의 덧셈 회로에 자리올림수 더하기에 필요한 회로를 추가하는 것은 매우 쉽고 뺄셈에 필요한 회로를 별도로 갖는 것보다 적은 비용이 든다.

그러나 1의 보수법에는 아주 중요한 문제가 있다. 8비트로 된 2진수 0을 생각해 보자. $(00000000)_2$에 대한 보수를 취하면 $(11111111)_2$이 된다. 즉, 두 가지의 0의 표현 (+0)과 (−0)이 있다는 것이다. 이것은 곤란한 문제를 일으킬 수 있다. 왜냐하면 대개의 컴퓨터에서는 어떤 수가 음수인지 양수인지 또는 0인지를 검사하는 명령어가 있기 때문이다. 0을 나타내는 두 가지의 표현 모두가 0이라고 판정은 되지만 검사회로의 동작 원리상 $(11111111)_2(-0)$은 또한 음수라고도 판정이 되므로 별도의 검사 회로가 필요하게 된다.

(3) 2의 보수

2의 보수(two's complement)는 1의 보수에 1을 더하여 만든다. 양수 5는 2진법으로 $(00000101)_2$이고 이것의 1의 보수는 $(11111010)_2$인데 여기에 1을 더하면 $(11111011)_2$이고 이것이 5에 대한 2의 보수로써 -5를 표현하게 된다.

2의 보수는 1의 보수와 같은 특성을 가지고 있다. 그림 2-7은 '9-4'를 2의 보수법으로 연산하는 과정을 보여주고 있다. 그림 2-7의 해답에 자리올림수 1이 있으나 나머지 8비트가 5를 표현하고 있다. 자리올림수 더하기를 하면 결과가 6으로 되는데 이렇게 하면 해답이 틀리게 된다. 따라서 2의 보수법에서는 자리올림수는 무시하며 자리올림수 더하기는 필요치 않다.

```
        +9=00001001
        +4=00000100      −4(1의 보수)=11111011
                         −4(2의 보수)=11111100
      따라서
                            00001001
                         +  11111100
                         ─────────────
                           100000101
```

그림 2-7 +9와 −4의 덧셈(2의 보수)

0의 문제는 어떤가? 0은 $(00000000)_2$이며 이것에 대한 1의 보수는 $(11111111)_2$이 된다. 그림 2-8은 0에 대한 2의 보수를 보여주고 있다.

```
        00000000     1의 보수를 만들기 위해 비트들을
        11111111     반전시키고 2의 보수를 만들기 위해
    +           1    1을 더한다.
    ─────────────────
       100000000
```

그림 2-8 0에 대한 2의 보수 표현

2의 보수법 연산 원칙대로 자리올림수는 무시되어 $(00000000)_2$의 보수도 $(00000000)_2$이 됨을 알 수 있다. 2의 보수법에서는 1의 보수법과는 달리 0에 대한 표현이 한 가지 뿐이다.

2의 보수 형태로 되어 있는 음수 크기를 알기 위해서는 그것에 해당하는 양수로 변환해야 한다. $(11011100)_2$의 값은 먼저 이에 대한 1의 보수를 취하면 $(00100011)_2$이고 여기에 다시 1을 더하여 2의 보수를 만들면 $(00100100)2$이 된다. 따라서 이 수는 $-(36)$이다.

2-2 코드화 시스템

디지털 시스템에서 사용하는 코드에는 수치 데이터 코드와 알파뉴머릭 코드(alphanumeric code)가 있다. 수치 데이터 코드에는 2진화 10진수(BCD : Binary Coded Decimal number), 그레이 코드(gray code), 3초과 코드(excess-3 code) 등이 있다. 알파뉴머릭 코드는 숫자 뿐만 아니라 알파벳 문자(특수문자 포함)를 포함한 데이터를 다루기 위한 코드를 말하며, ASCII(American Standard Code for Information Exchange : 미국 정보교환 표준코드)와 EBCDIC(Extended Binary-Codes Decimal Interchange Code : 확장된 2진-10진 변환코드) 코드가 여기에 속한다.

2진 코드의 한 비트는 두 개의 상태만을 표현하므로 두 개 이상의 상태를 표현하려면 여러 비트(bit)를 결합해서 사용해야만 한다. 즉, n개의 비트를 결합함으로써 2^n개의 상태를 표현할 수 있게 된다. 예를 들어서, 16개의 서로 다른 원소들은 4비트로 표현할 수 있으며, 원소의 조합 수가 2^n보다 적을 때는 각각의 조합에 모든 비트가 할당되지 않는다. 예를 들어서 숫자 0에서 9까지 표현하기 위해서는 4비트가 필요하며, 나머지 6비트는 사용하지 않는다.

2-2-1 10진 코드

BCD 코드에 있어서 각 10진수에 대한 2진 코드는 4비트를 필요로 한다. 표 2-2는 십진수를 여러 가지 2진코드로 변환을 위한 몇 가지 2진코드를 나타낸다.

표 2-2 10진수를 위한 2진 코드의 예

10진수	BCD 8421	2421	84(−2)(−1)			3초과
0	0000	0000	00	0	0	0011
1	0001	0001	01	1	1	0100
2	0010	0010	01	1	0	0101
3	0011	0011	01	0	1	0110
4	0100	0100	01	0	0	0111
5	0101	1011	10	1	1	1000
6	0110	1100	10	1	0	1001
7	0111	1101	10	0	1	1010
8	1000	1110	10	0	0	1011
9	1001	1111	11	1	1	1100

BCD 코드는 같은 연속적인 2의 멱수(power)가 2진 비트 패턴에서 등가(equivalent) 10진수로 변환이 가능하기 때문에 8421 코드라고도 한다. 즉, 각 자리의 가중치(weight)는 2^3, 2^2, 2^1, 2^0 으로 표현이 가능하기 때문이다. BCD 코드는 가중치 비트(weighted bit)의 합을 10진수로 표현할 수 있으므로 가중치 코드(weighted code)가 된다. 예를 들어, $(0111)_2$는 가중치에 의해서 십진수 7로 표현된다. 가중치는 84(−2)(−1)과 같이 음수로도 표현할 수 있다. 예를 들면, 1011을 84(−2)(−1) 코드로 표현하면 $1 \times 8 + 0 \times 4 + 1 \times (−2) + 1 \times (−1) = (5)_{10}$와 등가가 된다.

BCD 코드를 사용할 경우, 한 가지 단점은 9의 보수를 계산하는 데 있다. 이에 반해서 2421, 84(−2)(−1), excess-3 코드는 자기-보수(self-complementing) 성질을 가지고 있다. 즉, 10진수로 표현된 어떤 정수에 대한 9의 보수는 2진 코드(10진수와 등가)에 있어서 0과 1을 상호 교환함으로써 9의 보수를 쉽게 얻을 수 있다. 예를 들어 56의 9의 보수는 43이다. 56을 2421 코드로 바꾸면 10111100이 되며, 이것에 대한 보수는 010000011이 된다. 따라서 이 보수값은 2421 코드로 43이 된다. excess-3 코드는 BCD 코드에 0011(3)을 더한 것이다. 따라서 56을 excess-3 코드로 바꾸면 10001001이 되며, 이에 대한 보수는 01110111이 되므로 excess-3 코드로 역시 43이 된다.

지금까지 설명한 코드 중에서 8421 코드, 2421 코드, 84(−2)(−1) 코드는 가중치 코드이며, excess-3 코드는 비가중치 코드(unweighted code)이다.

[예제 2-6] 84(−2)(−1) 코드를 사용하여 10진수 38에 대한 9의 보수를 구하라.

풀이 38 = 0101 1000이 되며, 각 비트에 대해서 보수를 취하면 1010 0111 = 61이 된다.

2-2-2 그레이 코드

비가중치 코드로 분류되는 그레이 코드(gray code)는 반향 코드(reflected code)라고도 하며, 사칙 연산에는 부적합하다. 그러나 한 숫자에서 다음 숫자로 올라감에 따라 1비트씩 변하는 특징을 가지기 때문에 데이터의 전송, A/D 변환기, 입출력장치 등에 주로 이용되는 코드이다. 4비트 그레이 코드는 표 2-3과 같다.

표 2-3 4비트 그레이 코드

그레이 코드	등가 10진수
0000	0
0001	1
0011	2
0010	3
0110	4
0111	5
0101	6
0100	7
1100	8
1101	9
1111	10
1110	11
1010	12
1011	13
1001	14
1000	15

표 2-3에서 알 수 있듯이 각 인접한 그레이 코드들 사이에는 단 한 개의 비트만 다르다.

예를 들어, 10진 코드에서 7에서 8로 바뀔 때, 4개의 모든 비트가 0111에서 1000로 동시에 변화하게 한다. 이 경우, 만약에 나머지 비트들 보다 MSB가 더 빠르게 변화할 경우 코드 워드(code word) 0111이 짧은 시간동안 1111로 남게 되므로 오류를 발생할 수도 있다. 그러나 그레이 코드를 사용하면 코드 워드 중에서 단지 한 개의 비트만 변화(0100→1100)하게 되므로 이와 같은 오류를 방지할 수 있다.

✐ 2진수에서 그레이 코드로의 변환

2진수를 그레이 코드로 변환하는 과정을 설명하면 다음과 같다.

1) 2진수의 MSB(첫번째 비트)는 그대로 그레이 코드의 MSB로 둔다.
2) 2진수의 MSB와 두번째 비트에 대해서 Exclusive-OR($\oplus$)를 행한 결과를 그레이 코드의 다음 비트에 위치한다.
3) 2)의 과정을 반복하여 수행한다.

[예제 2-7] 2진수 1101을 그레이 코드로 변환하라.

풀이

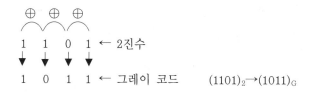

$(1101)_2 \rightarrow (1011)_G$

✐ 그레이 코드에서 2진수로의 변환

그레이 코드를 2진수로 변환하는 과정을 설명하면 다음과 같다.

1) 그레이 코드의 MSB(첫번째 비트)는 그대로 2진수의 MSB로 둔다.
2) 2진수의 MSB와 그레이 코드의 두번째 비트에 대해서 Exclusive-OR를 행한 결과를 2진수의 다음 비트에 위치한다.
3) 2)의 과정을 반복하여 수행한다.

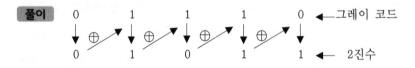

풀이

$$(01110)_G \rightarrow (01011)_2$$

2-2-3 ASCII 코드

인간이 그들 고유의 문자와 언어를 사용해 서로의 사고나 감정을 주고 받듯이 컴퓨터 또한 자신의 언어인 비트를 사용해 서로 통신한다. 그러나 우리가 사용하는 문자나 언어는 컴퓨터가 이해할 수 있는 언어와는 근본적으로 다르므로 컴퓨터에 저장하고 수행하기 위해서는 비트로 변환해 주어야 한다. 즉, 문자, 숫자 그리고 특수 문자를 나타내기 위해서 비트를 일정한 코드화 시스템에 따라 결합한다. 일반적으로 널리 사용되는 코드로는 주로 마이크로 컴퓨터나 정보 통신에 사용되는 7비트의 ASCII(American Standard Code for Information Interchange)와 IBM 계열의 대형 컴퓨터에서 주로 사용되는 8비트의 EBCDIC 그리고 IBM 계열 이외의 대형 컴퓨터에서 많이 이용되는 8비트의 ASCII-8이 있다.

ASCII(아스키) 코드는 $128(2^7)$ 개까지의 문자를 표현할 수 있고 EBCDIC와 ASCII-8은 $256(2^8)$ 개까지의 문자를 표현할 수 있다. 7비트의 ASCII는 영어의 알파벳 대소문자 「A」부터 「z」까지 52개에 「0」부터 「9」까지 숫자 10개, 특수문자 33개 그리고 제어 문자 33개를 더하여 총 128개의 문자를 표현한다. 예를 들면 "엄마"나 "아빠"가 우리의 부모를 각각 가리키는 문자로 정해진 것처럼 「100 0001」은 문자 「A」를 그리고 「011 0010」은 2진수 「2」를 가리키는 ASCII 코드이다. 그림 2-9는 ASCII 코드에 사용되는 문자들의 2진수를 보여준다. 8비트의 EBCDIC코드는 ASCII로 표현되는 문자들 외에 더 많은 문자를 표현하며, 「a」는 「1100 0001」이고 「z」는 「111 1010」이다. 하나의 문자를 표현하는 데 사용되는 비트들의 결합을 바이트(byte)라고 하며, 한 바이트는 8개의 비트로서 구성된다.

표 2-4 문자와 ASCII 코드

문자	ASCII 코드	문자	ASCII 코드	문자	ASCII 코드
SPACE	010 0000	A	100 0001	a	110 0001
!	010 0001	B	100 0010	b	110 0010
"	010 0010	C	100 0011	c	110 0011
#	010 0011	D	100 0100	d	110 0100
$	010 0100	E	100 0101	e	110 0101
%	010 0101	F	100 0110	f	110 0110
&	010 0110	G	100 0111	g	110 0111
'	010 0111	H	100 1000	h	110 1000
(	010 1000	I	100 1001	i	110 1001
)	010 1001	J	100 1010	j	110 1010
*	010 1010	K	100 1011	k	110 1011
+	010 1011	L	100 1100	l	110 1100
,	010 1100	M	100 1101	m	110 1101
—	010 1101	N	100 1110	n	110 1110
.	010 1110	O	100 1111	o	110 1111
/	010 1111	P	101 0000	p	111 0000
0	011 0000	Q	101 0001	q	111 0001
1	011 0001	R	101 0010	r	111 0010
2	011 0010	S	101 0011	s	111 0011
3	011 0011	T	101 0100	t	111 0100
4	011 0100	U	101 0101	u	111 0101
5	011 0101	V	101 0110	v	111 0110
6	011 0110	W	101 0111	w	111 0111
7	011 0111	X	101 1000	x	111 1000
8	011 1000	Y	101 1001	y	111 1001
9	011 1001	Z	101 1010	z	111 1010

2-2-4 오류 검출 코드

코드화된 문자는 컴퓨터 시스템에서 처리장치와 저장장치, 입출력장치 또는 멀리 떨어져 있는 워크스테이션과의 사이에 빠른 속도로 연속적으로 보내진다. 각 장치들은 오류 없이 송·수신이 되었는가를 확인하는 점검장치를 사용하는데, 이 장치를 패리티 검사기(parity checker)라고 한다. ASCII 코드는 이론적으로 7개의 비트를 사용하고 있으나 실제적으로 하드웨어 장치에는 8개의 비트들이 있다. 우리는 바이트의 8개 비트 중에서 문자를 표현하는 데 사용된 7개 비트를 제외한 나머지 한 개의 비트를 패리티 비트(parity bit)라고 부른다. 이 패리티 비트는 문자 코드를 송·수신하는 동안 비트가 중간에 변형되거나 사라졌는가를 검색하는 패리티 점검을 위해 사용 되며, 사라지거나 변형된 비트는 패리티 오류(parity error)를 발생한다.

이 패리티 비트는 문자 코드를 송·수신하는 동안 비트가 중간에 변형되거나 사라졌는가를 검색하는 패리티 점검을 위해 사용되어지며, 사라지거나 변형된 비트는 패리티 오류(parity error)를 낳는다. 패리티 검사기는 5-3-10에서 자세히 설명한다.

연습문제

01 다음의 2진수를 10진수로 변환하라.

(1) 10110.01

(2) 10010.1001

02 아래에 나타난 10진수를 2진수로 변환하라.

(1) 234.15

(2) 375.72

03 아래에 나타난 10진수를 8진수로 변환하라.

(1) 653.3

(2) 1832.124

04 8진수 325를 10진수로 변환하라.

05 16진수 D8F를 10진수로 변환하라.

06 2진수 1110과 0101에 대해서 (1) 덧셈과 (2) 뺄셈 연산을 수행하라.

07 10진수 420을 아래에 지시된 진법의 숫자로 변환하라.

(1) 8421 코드로

(2) 3초과 코드로

(3) 2421 코드로

08 아래에 나타난 10진수에 대하여 10의 보수를 구하라.

(1) 123456

(2) 098473

09 아래에 나타난 2진수에 대하여 2의 보수를 구하라.

(1) 100110

(2) 010110

10 아래에 나타난 2진수에 대하여 1의 보수를 구하라.

(1) 100101　　　　　　　　　　　　(2) 000000

11 다음은 부호없는 2진수들을 나타낸다. 감수에 대한 2의 보수를 이용하여 뺄셈을 수행하라.

(1) 100−111000　　　　　　　　(2) 11010−101001

12 음수에 대해서 부호화된 2의 보수 표현을 이용하여 다음의 산술연산을 2진수로 표현하라.

(1) (+45)+(−16)　　　　　　　(2) (−49)−(−27)

13 음수에 대해서 부호화된 10의 보수 표현을 이용하여 다음의 산술연산을 10진수로 계산하라.

(1) (+45)+(−16)　　　　　　　(2) (−483)−(+253)

14 다음의 3초과 코드를 10진수로 변환시켜라.

(1) 1101 0100　　　　　　　　(2) 1010 0010 1010

15 다음에 나타난 2진수를 그레이 코드로 변환하라.

(1) 100101　　　　　　　　　　　　(2) 010010

16 다음에 나타난 그레이 코드를 2진 코드로 변환하라.

(1) 010011　　　　　　　　　　　　(2) 100010

17. 10진수 295를 각각 (1) BCD 코드, (2) ASCII로 표현하라.

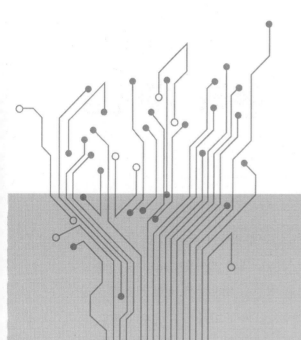

논리 게이트

제3장

논리 게이트

부울함수는 AND, OR 그리고 NOT와 같은 부울 연산자에 의해서 표시할 수 있으며, 이 부울함수에 의해서 디지털 논리회로를 구성하는 데 기본이 되는 게이트(gate)들을 구현할 수 있다. 그러므로 게이트는 입력 신호에 대해서 부울 연산을 적용하여 출력 신호를 생성시키는 전자회로이며, 이러한 게이트들을 상호 연결함으로써 논리함수를 쉽게 구현할 수 있다.

3-1 기본 논리 게이트

디지털 논리회로에서 사용되는 표준 게이트들(standard gates)에는 Buffer, AND, OR, NOT, NAND, NOR, EX-OR(Exclusive-OR), EX-NOR(Exclusive-NOR) 등이 있으며, 이들 중에서 기본 논리 게이트는 AND, OR, NOT 등이다. 표 3-1은 8가지 표준 게이트들과 이들 각각에 그래픽 심볼, 대수적 함수, 그리고 진리표를 나타낸다. 각 게이트는 하나 혹은 두 개의 입력변수와 하나의 출력변수 F를 갖고 있다. 버퍼(Buffer)는 입력된 신호를 변경하지 않고, 입력된 신호 그대로 출력하는 게이트이며, 게이트의 출력단에 연결할 수 있는 Fan-Out의 수를 증가 시키거나 회로의 신호가 약할 때 이를 원래의 신호로 되돌리고 자 할때 사용한다.

AND 게이트는 모든 논리 기능을 형성하기 위해 조합될 수 있는 기본 게이트 중 하나이며, 두 개 또는 그 이상의 입력을 가질 수 있는 논리 곱셈을 수행한다. 모든 입력신호가 1일 때만 출력 신호 1을 발생하는 논리회로이며, AND 게이트의 진리표는 표 3-1에 나타나 있다. 그림 3-1(a)는 TTL 74LS08의 내부 회로를, 그림 3-1(b)는 AND 게이트의 출력 파형을 나타낸다.

이 AND 게이트의 출력 파형은 표 3-1의 AND 게이트의 진리표와 일치함을 알 수 있다.

표 3-1 표준 논리 게이트들

게이트	그래픽 심볼	진리표
AND		x y F 0 0 0 0 1 0 1 0 0 1 1 1
OR		x y F 0 0 0 0 1 1 1 0 1 1 1 1
Inverter (NOT)		x F 0 1 1 0
Buffer (transfer)		x F 0 0 1 1
NAND		x y F 0 0 1 0 1 1 1 0 1 1 1 0
NOR		x y F 0 0 1 0 1 0 1 0 0 1 1 0
Exclusive-OR (Ex-OR)		x y F 0 0 0 0 1 1 1 0 1 1 1 0
Equivalence (Exclusive-NOR)		x y F 0 0 1 0 1 0 1 0 0 1 1 1

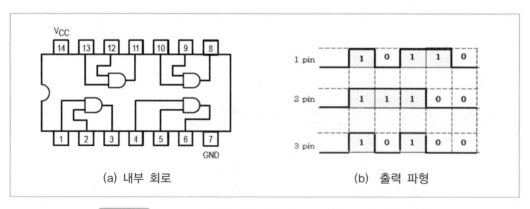

(a) 내부 회로   (b) 출력 파형

그림 3-1 TTL 74LS08의 내부 회로와 AND 게이트의 출력 파형

OR 게이트는 두 개 또는 그 이상의 입력을 가질 수 있으며, 논리 덧셈을 수행한다. 두 입력신호들 중에서 어느 하나라도 1의 신호를 가질때 출력 신호는 1이며, OR 게이트의 진리표는 표 3-1에 나타나 있다.

그림 3-2(a)는 TTL 74LS32의 내부 회로를, 그림 3-2(b)는 OR 게이트의 출력 파형을 나타낸다.

이 OR 게이트의 출력 파형은 표 3-1의 OR 게이트의 진리표와 일치함을 알 수 있다.

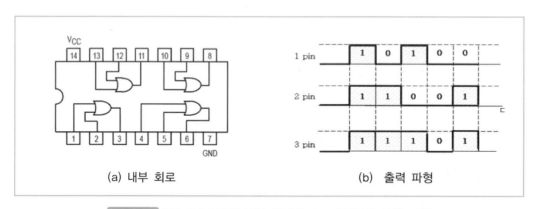

(a) 내부 회로   (b) 출력 파형

그림 3-2 TTL 74LS32의 내부 회로와 OR 게이트의 출력 파형

NOT 게이트(인버터)는 입력변수에 대해서 보수를 만들어 내며, 보수를 표시하기 위해서 게이트의 출력측에 작은 원을 삽입한다. 반전 또는 보수화라고 일컫는 연산을 수행하며, 하나의 논리 레벨을 반대의 레벨로 변경한 개의 입력과 한 개의 출력을 갖는 게이트로 논리적인 부정을 발생시키는 회로이다.

그림 3-3은 버퍼 IC 칩인 TTL 74LS07의 내부 회로와 NOT 게이트의 내부회로를 나타낸다.

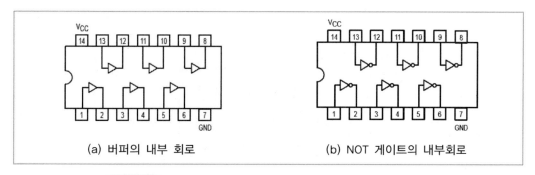

(a) 버퍼의 내부 회로   (b) NOT 게이트의 내부회로

그림 3-3 TTL 74LS07의 내부회로와 NOT 게이트의 내부회로

3-2 NAND 게이트와 NOR 게이트

NAND함수의 경우는 AND함수의 보수가 되며, NOR함수는 OR함수의 보수가 됨을 알 수 있다(진리표 참조). 회로의 레이아웃(layout) 설계시 AND와 OR게이트 보다 NAND와 NOR게이트를 이용하는 것이 트랜지스터 회로를 구성하는 데 용이하기 때문에 NAND와 NOR게이트가 표준 게이트로 많이 사용되고 있다.

그림 3-4는 TTL 74LS00의 내부 회로와 NAND 게이트의 출력 파형을 나타낸다. 이 게이트의 출력 파형은 표 3-1의 NAND 게이트의 진리표와 일치함을 알 수 있다.

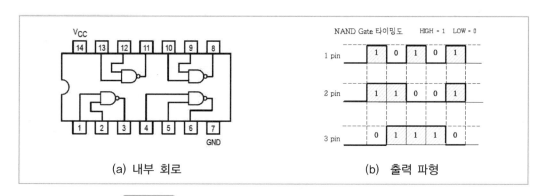

(a) 내부 회로   (b) 출력 파형

그림 3-4 TTL 74LS00 회로와 NAND 게이트의 출력 파형

그림 3-5는 TTL 74LS02의 내부 회로와 NOR 게이트의 출력 파형을 나타낸다. 이 게이트의 출력 파형은 표 3-1의 NOR 게이트의 진리표와 일치함을 알 수 있다.

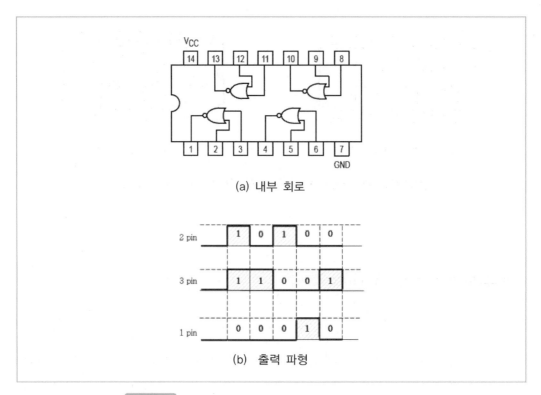

(a) 내부 회로

(b) 출력 파형

그림 3-5 TTL 74LS02 회로와 NOR 게이트의 출력 파형

3-3 EX-OR 게이트와 EX-NOR 게이트

EX-OR게이트는 두 개의 입력변수가 다를 경우에만 출력값이 1을 갖는 논리 게이트이다. 그림 3-6은 TTL 74LS86의 내부 회로와 NOR 게이트의 출력 파형을 나타낸다. EX-OR 게이트의 입력에 대한 출력 파형을 살펴 보면 그림 3-1의 EX-OR 게이트의 진리표의 출력과 일치함을 알 수 있다.

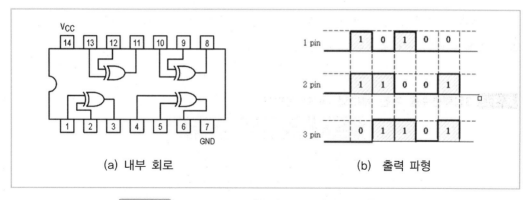

1 pin	1	0	1	0	0	
2 pin	1	1	0	0	1	
3 pin	0	1	1	0	1	

(a) 내부 회로   (b) 출력 파형

그림 3-6 TTL 74LS86 회로와 NOR 게이트의 출력 파형

EX-NOR게이트는 두 개의 입력변수가 동일한 경우에만 출력값이 1을 갖는 논리 게이트이며, 이 게이트의 진리표는 표 3-1에 나타나 있다.

3-4 다중 입력 게이트로 확장

표 3-1에 나타난 논리 게이트들 중에서 NOT(Inverter)회로만 제외하고 2개 이상의 입력을 가질 수 있다. AND와 OR의 연산은 교환법칙과 결합법칙이 성립한다는 것을 부울대수의 정리에서 이미 설명하였다. 따라서 이러한 게이트들은 입력변수의 상호 교환은 물론, 2개 이상의 변수까지 확장할 수 있음을 보여주고 있다.

교환법칙과 결합법칙에 의해서, 2진 연산자 OR와 AND는 다음과 같은 교환법칙이 성립하며,

$$x + y = y + x$$
$$xy = yx$$

또한 다음과 같은 결합법칙도 성립한다.

$$x + (y + z) = (x + y) + z = x + y + z$$
$$x(yz) = (xy)z = xyz$$

그러므로 이 2개의 연산자들은 2개 이상의 변수까지 확장이 가능하다. 이러한 사실은 표 3-2에 나타난 진리표로부터 쉽게 알 수 있다.

표 3-2 3입력변수를 가진 AND와 OR의 진리표

x y z	xyz	x+y+z
0 0 0	0	0
0 0 1	0	1
0 1 0	0	1
0 1 1	0	1
1 0 0	0	1
1 0 1	0	1
1 1 0	0	1
1 1 1	1	1

다음에는 NAND와 NOR게이트에 대해서 고려해보자. 이 두 게이트에 대해서는 교환법칙은 성립하나, 결합법칙은 성립하지 않기 때문에 이 게이트들은 다중입력(multiple-variable)을 가질 수 없다. 이러한 문제점은 NAND (NOR)게이트를 OR게이트의 보수로 정의함으로써 해결할 수 있다. 즉, NAND는 NOT-AND이고, NOR는 NOT-OR이므로 다중입력 NOR게이트는 다음과 같이 정의할 수 있고,

$$(x_1 + x_2 + \cdots + x_n)'$$

그리고 다중입력 NAND게이트는 다음과 같이 정의할 수 있다.

$$(x_1 x_2 \cdots x_n)'$$

한 예로서, 표 3-3는 이러한 정의를 기본으로 하여 구성된 3입력 NAND와 NOR 게이트에 대한 진리표를 나타낸다.

표 3-3 3입력변수를 가진 NAND와 NOR의 진리표

A B C	NAND (ABC)'	NOR (A+B+C)'
0 0 0	1	1
0 0 1	1	0
0 1 0	1	0
0 1 1	1	0
1 0 0	1	0
1 0 1	1	0
1 1 0	1	0
1 1 1	0	0

3-5 NAND 및 NOR 게이트를 이용한 구현

임의의 논리회로를 구현할 경우 여러 종류의 게이트들을 사용하지는 않고 최소의 게이트들만 사용하면 회로는 더 간단해질 수 있다. 만약 모든 논리회로(함수)가 집합에 있는 게이트(연산자)에 의해서 표현이 가능할 경우, 게이트(연산자)의 집합은 함수적으로 완전하다(functionally complete)라고 한다. 따라서 회로 구현시 게이트들에 대해서 함수적으로 완전한 집합(functionally complete set)을 찾아내는 것이 중요한 문제가 된다. 이것은 어떠한 부울대수라도 이 집합에 속하는 게이트들만 사용하여 나타낼 수 있음을 의미하며, 함수적으로 완전한 집합들은 다음과 같다.

> (a) {AND, OR, NOT}
> (b) {AND, NOT}
> (c) {OR, NOT}
> (d) {NAND}
> (e) {NOR}

(a)의 경우는 3가지 연산에 의해서 모든 부울대수를 표현할 수 있으므로 함수적으로 완전한 집합을 구성한다는 것은 명백하다.

(b)의 집합의 경우 함수적으로 완전한 집합이 되기 위해서는 AND와 NOT를 이용하여

OR 연산이 가능해야 한다. 이러한 연산은 다음과 같이 드모르간의 정리를 적용 시키면 가능하게 된다.

$$(A' \cdot B')' = A + B$$
$$NOT((NOT\ A)\ AND\ (NOT\ B)) = A\ OR\ B$$

같은 방법을 이용하면 (c)의 경우도 AND 연산이 가능하므로 이들도역시 함수적으로 완전하다고 볼 수 있다.

(d)와 (e)의 경우는 NAND 와 NOR 게이트만을 이용하여 논리회로를 구성할 수 있다는 것을 의미하며, NAND 게이트를 이용한 NOT, AND, OR 함수의 구현은 그림 3-7과 같다.

(e)의 경우는 NOR 게이트만을 이용하여 논리회로를 구성할 수 있다는 것을 의미하며, NOR 게이트를 이용한 NOT, OR, AND 함수의 구현은 그림 3-8과 같다.

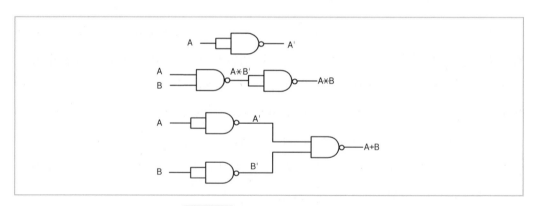

그림 3-7 NAND 게이트 사용 예

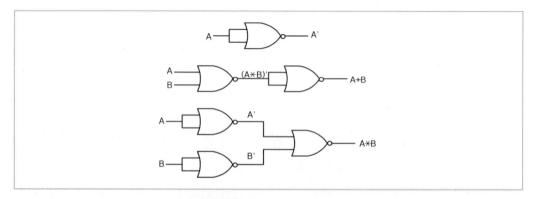

그림 3-8 NOR게이트 사용 예

3-6 EX-OR 연산과 EX-NOR 연산

Exclusive-OR(EX-OR)는 ⊕로 표시되며, x와 y값이 둘다 다르면 1이고, 같으면 0이 되는 함수이므로 식 (3.1)과 같이 표현할 수 있다.

$$x \oplus y = y \oplus x = xy' + x'y \qquad (3.1)$$

이와는 달리 Exclusive-NOR(EX-NOR)는 ⊙로 표시되며, x, y 값이 둘 다 같으면 1이고 다르면 0이 되는 논리함수이므로 식 (3.2)와 같이 표현할 수 있다.

$$
\begin{aligned}
(x \oplus y)' &= (xy' + x'y)' \\
&= (x' + y)(x + y') \\
&= xy + x'y' \\
&= x \odot y \qquad (3.2)
\end{aligned}
$$

EX-OR의 부울함수 F라 하면 식 (3.1)은 다음과 같은 식으로 유도할 수 있다.

$$
\begin{aligned}
F &= xy' + x'y \\
&= x(x' + y') + y(x' + y') \\
&= x(x \cdot y)' + y(x \cdot y)' \\[8pt]
F' &= (x(x \cdot y)')' \cdot (y(x \cdot y)')' \\
F &= [(x(x \cdot y)')' \cdot (y(x \cdot y)')']' \qquad (3.3)
\end{aligned}
$$

EX-OR는 교환적이며, 결합적이라 할 수 있다. 따라서 EX-OR 게이트의 2개의 입력이 연산에 영향을 주지 않으면서 서로 교환이 가능하다는 것을 의미한다. 사실상 2 입력의 함수라 할지라도 서로 다른 형식의 게이트로 EX-OR회로를 구현할 수 있다. 즉, 식 (3.1)과 식 (3.3)를 이용하면 각각 그림 3-9(a)와 (b)같이 AND-OR- Inverter로 구성된 회로와 NAND게이트로 구성된 EX-OR회로를 구현할 수 있다.

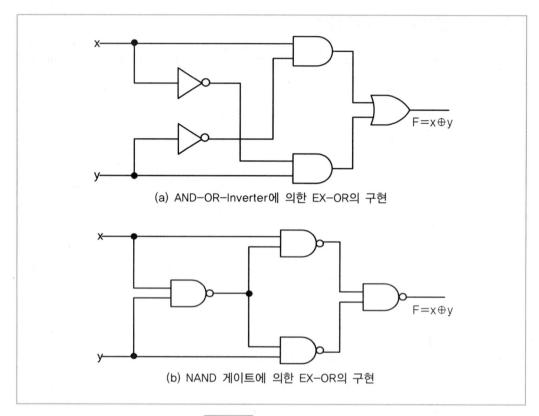

(a) AND-OR-Inverter에 의한 EX-OR의 구현

(b) NAND 게이트에 의한 EX-OR의 구현

그림 3-9 EX-OR의 구현

EX-OR회로는 3개 변수 또는 그 이상의 입력을 가진 경우에도 어떤 순서에 관계없이 사용이 가능하다. 3개의 변수를 갖는 경우의 부울식은 다음과 같이 표현할 수 있다.

$$
\begin{aligned}
F &= x \oplus y \oplus z = (x \oplus y) \oplus z = x \oplus (y \oplus z) \\
&= (xy' + x'y)z' + (xy + x'y')z \\
&= xy'z' + x'yz' + x'y'z + xyz
\end{aligned}
\tag{3.4}
$$

식 (3.4)의 부울 표현식은 1개의 변수가 1이거나 변수 3개 모두가 1일경우에만 1이 된다는 것을 알 수 있다. 이와 같은 EX-OR 연산은 홀수함수(odd function)로서 정의된다.

짝수함수(even function)는 홀수함수의 보수이므로 이 함수 F는 다음과 같이 정의할 수 있다.

$$
F = (x \oplus y \oplus z)'
\tag{3.5}
$$

그림 3-10(a)와 (b)는 각각 홀수함수와 짝수함수에 대한 논리도를 나타낸다.

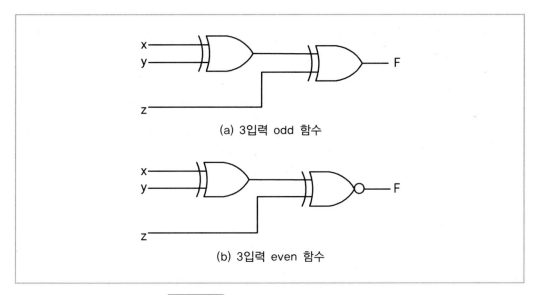

(a) 3입력 odd 함수

(b) 3입력 even 함수

그림 3-10 홀수함수와 짝수함수의 구현

4개의 변수를 가진 EX-OR 함수도 3 변수의 경우와 같이 쉽게 유도할 수 있다. 이 함수는 16개의 최소항을 가지며 다음과 같이 유도할 수 있다.

$$F = w \oplus x \oplus y \oplus z = (wx' + w'x) \oplus (yz' + y'z)$$

연습문제

01 아래에 나타난 2개 입력 파형들이 (1) AND 게이트와 (2) OR 게이트에 인가되었을 때 각 각의 출력 파형을 그려라.

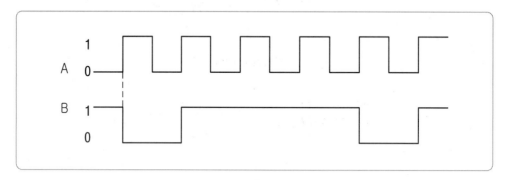

02 문제 1의 파형들이 (1) NAND 게이트와 (2) NOR 게이트에 인가되었을 때 각각의 출력 파 형을 그려라.

03 문제 1의 파형들이 (1) XOR 게이트와 (2) XNOR 게이트에 인가되었을 때 각각의 출력 파 형을 그려라.

04 3-입력 X, Y, Z을 가지는 XOR 게이트의 진리표를 구하라.

• 3입력 XOR 게이트 진리표

X	Y	Z	출력
0	0	0	0
0	0	1	1
0	1	0	1
0	1	1	0
1	0	0	1
1	0	1	0
1	1	0	0
1	1	1	1

05 아래 그림에 대하여 각각 진리표를 작성한 다음 논리식을 써라.

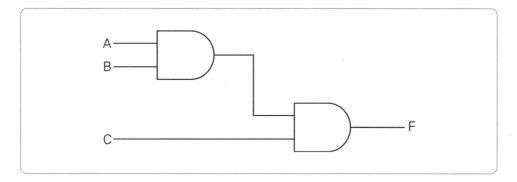

06 아래 그림에 대하여 각각 진리표를 작성한 다음 논리식을 써라.

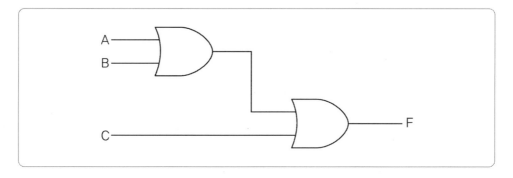

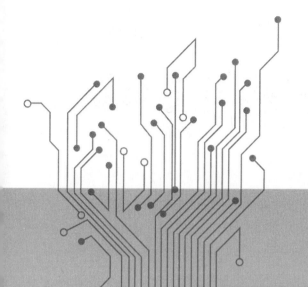

| 제4장 |

부울함수와 논리식의 간략화

부울함수와 논리식의 간략화

4-1 부울대수

부울대수는 1854년에 영국 수학자 George Boole이 『An Investigation of the Laws of Thought on Which to Found the Mathematical Theories of Logic and Probabilities』 라는 논문에서 제시되었으며, 여기에서는 기호에 따라 논리함수를 표현하는 수학적인 방법을 소개하였다. 그후 미국의 수학자 Claude E. Shannon이 부울대수가 스윗칭 회로에 응용할 수 있음을 밝혔고, 이러한 이유로 부울대수를 스윗칭 대수(switching algebra)라고도 한다. 그 때부터 Shannon의 방법은 디지탈 회로의 분석과 설계에 매우 유용하게 사용되어 왔다.

임의의 회로를 설계할 경우, 대수적인 조작에 의해서 간단한 논리식을 얻을 수 있고, 논리식으로부터 간단한 회로를 구현할 수 있다. 논리설계 시 그림이나 표를 이용한 방법이 주로 사용되지만, 부울대수를 이용하는 방법이 편리한 경우도 있다.

4-1-1 2치 부울대수

디지탈 시스템은 신호(signal)라 부르는 물리적인 양(physical quantities)으로 표시되는 불연속 정보를 다룬다. 전압의 유무, 스위치의 개폐와 같은 물리적인 현상은 2가지 상태(참, 거짓)로 표현되는 2진 논리(binary logic)로 표현할 수 있다. 이 2가지 상태는 0과 1로 대응 시키고 이 상태를 이용하여 논리회로의 동작 상태를 분석할 수 있다.

다른 대수의 경우와 마찬가지로 부울대수도 논리변수(logical variable)와 연산(operation)을 사용한다. 논리변수는 1(참) 혹은 0(거짓)의 2가지 값만을 가지며, 논리연산을 수행하기 위하여 AND, OR, NOT 등을 사용한다.

2진 연산에 사용되는 기호 +와 ·는 각각 OR와 AND라 하고, 글자 위에 표시된 overbar(−)나 prime(')기호는 NOT 또는 보수(complement)연산자를 의미한다. AND는 논리 곱(logical product)을 나타내며, OR는 논리합(logical sum)을 나타낸다. NOT는 부정(negation)이나 보수를 나타내는 데 사용된다. 앞에서 설명한 것을 요약하면 다음과 같은 관계식을 얻을 수 있다.

$$x \cdot y = x \ \text{AND} \ y$$
$$x + y = x \ \text{OR} \ y$$
$$x' = \text{NOT} \ x$$

AND 연산은 두 오퍼랜드들의 값이 모두 1일 때만 결과가 1이 된다.

OR 연산은 오퍼랜드들 중의 하나라도 1이면 결과가 1이 된다. 단일 연산(unary operation)인 NOT은 오퍼랜드의 값을 반대로 바꾸어 준다.

연산자 AND, OR에 대해서는 연산되는 2개의 변수에 대해 4가지 가능성이 있다. 표 4-1은 기본적인 부울 연산자에 대한 진리표(truth table)를 나타낸다. 진리표는 모든 가능한 오퍼랜드의 조합들에 대한 연산 결과들을 나열한 표라 할 수 있다.

표 4-1 부울 연산자들

A B	NOT A	A AND B	A OR B	A NAND B	A NOR B
0 0	1	0	0	1	1
0 1	1	0	1	1	0
1 0	0	0	1	1	0
1 1	0	1	1	0	0

이 진리표를 이용하면, AND, OR, NOT에 대한 연산 결과를 쉽게 이해할 수 있다. 표 4-1에서 NAND는 AND의 NOT이고, NOR는 OR의 NOT이며, 이들은 다음과 같은 식으로 표현할 수 있다.

$$x \ \text{NAND} \ y = \text{NOT}(x \cdot \text{AND} \ y) = (x \cdot y)'$$
$$x \ \text{NOR} \ y = \text{NOT}(x \ \text{OR} \ y) = (x + y)'$$

AND, OR, NOT의 연산들은 디지털 회로를 구현하는 데 유용하게 사용된다. 이 책에서는 혼동이 생기지 않는 부울 함수의 기호 표시에 대해서는 ·를 생략하기로 한다.

4-1-2 부울대수의 가설

대수는 사실로 받아들여지는 일련의 문장들을 열거하는 것으로 정의되며, 이러한 문장을 대수의 가설(postulate) 또는 공리(axiom)라 한다. 부울대수의 정식 정의는 1904년 헌팅턴(E. V. Huntingtun)에 의해서 공식화된 가설을 사용하기로 했다.

일반적으로 잘 정의된 원소의 집합(sets of well-defined elements)을 표시할 때는 대문자를 사용하고, 원소(대상체)를 표현할 때는 소문자를 이용한다. "~은 ~의 원소(is an element of)"와 같은 구(phrase)는 기호 ∈에 의해서 표현된다. 그래서 "a는 집합 A의 원소"의 경우는 a∈A와 같이 표시한다.

부울대수는 다음과 같은 헌팅턴의 공리(가설)이 만족되는 2개의 2진(binary) 연산자(+와·)와 1개의 단일(unary) 연산자와 함께 원소의 집합 B를 구성하는 대수적인 구조라할 수 있다.

공리 1 집합 B는 적어도 2개의 원소 a, b를 포함(a, b∈B)하며 a≠b를 만족한다.

공리 2 닫힘 성질(closure properties)

모든 a, b∈B에 대해서 다음 식을 만족하는 경우이다.

(1) a+b∈B

(2) a·b∈B

즉, a, b 원소에 대한 2진 연산을 수행하고, 그 결과가 다시 집합 B에 속할 때, 집합 B는 그 연산에 대해서 닫혀 있다고 한다.

공리 3 교환법칙(commutative laws)

모든 a, b∈B에 대해서 다음 식을 만족하는 경우이다.

(1) a+b=b+a

(2) a·b=b·a

공리 4 항등 법칙(identities laws)

    (1) +에 대한 항등원은 0이며,

        모든 $a \in B$에 대해서 $a+0=0+a=a$ 이다.

    (2) ·에 대한 항등원은 1이며,

        모든 $a \in B$에 대해서 $a·1=1·a=a$ 이다.

공리 5 분배법칙(distributive laws)

    모든 a, b, $c \in B$에 대해서 다음 식을 만족하는 경우이다.

    (1) $a+(b·c)=(a+b)·(a+c)$

    (2) $a·(b+c)=a·b+a·c$

공리 6 역 법칙(inverse laws)

    각 $a \in B$에 대해서 $a' \in B$인 원소가 존재한다면, 다음과 같은 식을 만족한다.

    (1) $a+a'=1$

    (2) $a·a'=0$

이러한 공리들은 결합법칙을 포함하지 않는다. 그러나 이 법칙은 다른 정리로부터 유도할 수 있다.

스위칭 대수는 집합 B에 있는 원소의 수가 정확히 2치 부울대수라 할 수 있다. 부울대수를 정의하는 이러한 가설은 일치적(consistent)이며, 독립적(independent) 이다. 즉, 위에서 정의한 공리들은 다른 정리에 위배되지 않을뿐 아니라 위의 공리들을 이용하여 증명할 수 있다.

4-1-3 부울대수의 기본 정리

부울대수의 기본 정리는 디지털 회로의 기능을 기술하거나, 어떤 함수가 주어졌을 때, 그 함수의 구현을 간략화 시키는 데 자주 사용된다. 표 4-2는 부울대수의 기본 법칙을 나타낸다.

표 4-2 부울대수의 기본 법칙

1. $x+0=x$	2. $x \cdot 1 = x$	항등법칙
3. $x+1=1$	4. $x \cdot 0 = 0$	우등법칙
5. $x+x'=1$	6. $xx'=0$	역법칙
7. $x+x=x$	8. $xx=x$	멱등법칙
9. $x(y+z)=xy+xz$	10. $x+yz=(x+y)(x+z)$	분배법칙
11. $x+xy=x$	12. $x(x+y)=x$	흡수법칙
13. $(x+y)+z=x+(y+z)$	14. $(xy)z=x(yz)$	결합법칙
15. $x+y=y+x$	16. $xy=yx$	교환법칙
17. $(x+y)(x'+z)(y+z)$ $=(x+y)(x'+z)$	18. $xy+x'z+yz=xy+x'z$	합의의 정리
19. $(x+y)'=x'y'$	20. $(xy)'=x'+y'$	DeMorgan의 정리

이들에 대한 각 관계는 이들은 2개 혹은 3개의 변수로 이루어져 있거나 또는 임의의 n개의 변수로 되어 있다. 각각의 가설과 정리 (a)와(b)는 2개의 쌍(dual pairs)을 이루고 있으며, 부울대수는 쌍대성(duality)의 중요한 성질을 가진다. 대수식에 있어서 쌍대가 필요하면, 연산자 AND와 OR를 서로 교환해 주고, 동시에 1(0)과 0(1)을 서로 바꾸어 주면 된다. 가설은 대수적 구조의 기본 공리이며, 증명이 필요없다. 그러나 정리는 가설로부터 증명해야 하지만 여기에서는 생략한다. 다른 결과에 대한 증명은 쌍대성의 원리로부터 쉽게 구할 수 있다.

두 분배 법칙들 중의 다음의 경우는 보통 대수에서와 다르기 때문에 유의할 필요가 있다.

$$x + (y \cdot z) = (z+y) \cdot (x+z)$$

✎ 단일 변수에 대한 정리

정리 1 멱등(idempotent) 법칙 또는 일치성 법칙

모든 $a \in B$에 대하여 $a+a=a$와 $a \times a = a$ 이다.

[증명] $a+a=(a+a) \times 1$ 공리 4(2)

$\qquad\quad = (a+a)(a+a')$ 공리 6(1)

$\qquad\quad = a+a \times a'$ 공리 5(1)

$$=a+0 \qquad\qquad\qquad 공리\ 6(2)$$
$$=a \qquad\qquad\qquad\qquad 공리\ 4(1)$$

정리 2 우등법칙(dominance laws)

모든 a∈B에 대하여 a+1=1과 a×0=0이다.

[증명] $a+1=(a+1)×1$ $\qquad\qquad$ 공리 4(2)

$\qquad\quad =(a+1)(a+a')$ $\qquad$ 공리 6(1)

$\qquad\quad =a+1×a'$ $\qquad\qquad$ 공리 5(1)

$\qquad\quad =a+a'$ $\qquad\qquad\quad$ 공리 4(2)

$\qquad\quad =1$ $\qquad\qquad\qquad$ 공리 6(1)

정리 3 부울대수에서 사용하는 원소는 0과 1 두 개뿐이다.

정리 4 원소 0과 1은 구별된다. 1'=0이고 0'=1 이다.

정리 5 모든 a∈B에 대하여 유일한 보수 a'가 존재한다.

정리 6 누승 법칙(involution law)

모든 a∈B에 대하여 (a')'=a 이다.

✎ 2개 또는 3개의 변수에 대한 정리

정리 7 흡수 법칙(absorption law)

모든 a∈B에 대하여 a+a×b=a 이고, a(1+b)=a 이다.

[증명] $a+a×b=a×1+a×b$ $\qquad$ 공리 4(2)

$\qquad\quad =a×1$ $\qquad\qquad\qquad$ 정리 2

$\qquad\quad =a$ $\qquad\qquad\qquad\quad$ 공리 4(2)

정리 8 부울대수는 +와 ·연산에 대하여 결합법칙이 성립한다.

즉, 모든 a, b, c∈B에 대하여

a+(b+c)=(a+b)+c, 그리고

a(b×c)=(a×b)c

이다.

[증명] $A=[(a+b)+c][a+(b+c)]$로 두면, A는 다음과 같이 된다.

$$A=[(a+b)+c]a+[(a+b)+c](b+c)$$

$$=[(a+b)a+ca]+[(a+b)+c](b+c)$$

$$=a+[(a+b)+c](b+c)$$

$$=a+[(a+b)+c]b+[(a+b)+c]c$$

$$=a+(b+c)$$

또한,

$$A=(a+b)[a+[b+c)]+c[a+(b+c)]$$

$$=(a+b)[a+(b+c)]+c$$

$$=a[a+(b+c)]+b[a+(b+c)]+c$$

$$=(a+b)+c \text{ 가 된다.}$$

그러므로, $a+(b+c)=(a+b)+c$가 된다.

정리 8 드모르간의 정리(DeMorgan's theorems): 모든 a, b∈B에 대하여, $(a+b)'=a'b'$ 이며, $(ab)'=a'+b'$ 이다.

[예제 4-1] 다음의 항등식을 증명하여라.

(1) $xy'+y=x+y$ (2) $xy+x'z+yz=xy+x'z$

풀이 (1) $xy'+y=(x+y)(y+y')$

$$=(x+y)1$$

$$=x+y$$

(2) $xy+x'z+yz=xy+x'z+yz(x+x')$

$$=xy+x'z+xyz+x'yz$$

$$=xy(1+z)+x'z(1+y)$$

$$=xy1+x'z1$$

$$=xy+x'z$$

[예제 4-2] 다음 관계가 성립함을 보여라.

(1) $x'y'z + yz + xz = z$

(2) $(x+y)[x'(y'+z')]' + x'y' + x'z' = 1$

(3) $w'x + wxz + wx'yz' + xy = x(w'+z) + wyz'$

풀이   (1) $x'y'z + yz + xz = (x'y' + y + x)z$

$$= (x' + y + x)z$$

$$= (1 + y)z$$

$$= 1z$$

$$= z$$

(2) $(x+y)[x'(y'+z')]' + x'y' + x'z'$

$$= (x+y)[x' + (y'+z')'] + x'y' + x'z'$$

$$= (x+y)(x+yz) + x'y' + x'z'$$

$$= (x + xy + xyz + yz + x'y' + x'z'$$

$$= (x(1 + y + yz) + yz + x'y' + x'z'$$

$$= x + yz + x'y' + x'z'$$

$$= x + x'(y' + z') + yz$$

$$= x + y' + z' + yz$$

$$= x + y' + z + z'$$

$$= x + y' + 1$$

$$= 1$$

(3) $w'x + wxz + wx'yz' + xy$

$$= x(w' + wz) + y(x + x'wz')$$

$$= x(w' + z) + y(x + wz')$$

$$= w'x + xz + xy + wyz'$$

$$= w'x + xz + xy(w + w') + wyz'$$

$$= w'x + xz + wxy + w'xy + wyz'$$

$$= w'x(1+y) + xz + wxy + wyz'$$

$$= w'x + xz + wxy + wyz'$$

$$= w'x + xz + wyz'$$

$$= x(w' + z) + wyz'$$

부울대수식의 계산은 연산자의 우선 순위는 (1) 괄호, (2) NOT, (3) AND, (4) OR의 순이다. 다음의 예를 보자.

$$D = A + (B' \cdot C)$$

A값이 1이거나, 또는 B값은 0이고, C값은 1인 경우에는 D가 1이 된다. 그 외의 경우에는 D가 0이 된다.

괄호가 없는 경우에는 AND 연산이 OR 연산에 우선한다. 또한 혼란이 발생하지 않는 경우에 한하여 AND 연산 표시인 dot(·)를 생략하고 오퍼랜드들을 붙여 쓸 수 있다. 따라서 B와 C를 AND하고, 그 결과와 A를 OR하는 부울식은 다음과 같은 형태가 된다.

$$A + B \cdot C = A + (B \cdot C) = A + BC$$

4-2 부울대수를 이용한 논리회로 설계

부울 대수를 이용하여 주어진 규격으로부터 설계자가 원하는 기능을 수행하는 논리회로를 설계하기 위해서는 아래와 같은 절차가 요구된다.

먼저, 논리회로의 입출력을 정의한 진리표를 작성하고, 부울 함수를 유도한다. 유도된 부울 함수에 대해 간략화를 수행한 후, 논리회로를 설계하면 된다.

4-2-1 최소항과 최대항

(1) 최소항

한 개의 변수 x에 대해서 1과 0의 값을 할당하면 $x=1$, $x=0$이 되므로 이들은 각각 정상적인 형태 x와 보수를 취한 형태 x'로 표시할 수 있다. 따라서 논리변수가 n개인 경우는 정상적인 형태와 보수를 취한 형태를 결합하여 최대 2n개의 서로 다른 입력조합을 가질 수 있다.

예를 들어서 2개의 x, y 변수를 가질 경우에는 x'y', x'y, xy', xy의 4가지 입력조합이 가능하며, 변수가 3개이면 8가지 조합을 가질 수 있다. 이와 같이 입력변수들의 조합을 AND연산으로 결합된 각각의 항을 최소항(minterm) 또는 표준적(standard product)이라고 한다. 표 4-3은 3개의 변수에 대한 최소항과 최대항들을 나타낸다

표 4-3 3개의 변수에 대한 최소항과 최대항 및 논리함수

변수			최소항		최대항		논리함수	
x	y	z	항	표시	항	표시	F_1	F_2
0	0	0	x'y'z'	m_0	x + y + z	M_0	1	0
0	0	1	x'y'z	m_1	x + y + z'	M_1	0	1
0	1	0	x'yz'	m_2	x + y' + z	M_2	0	1
0	1	1	x'yz	m_3	x + y' + z'	M_3	1	0
1	0	0	xy'z'	m_4	x' + y + z	M_4	1	0
1	0	1	xy'z	m_5	x' + y + z'	M_5	0	1
1	1	0	xyz'	m_6	x' + y' + z	M_6	0	1
1	1	1	xyz	m_7	x' + y' + z'	M_7	1	0

최소항은 m_j의 형식으로 표기하며 j는 해당되는 최소항의 2진수와 등가인 10진수의 값이다. 최소항은 0부터 (2^n-1)까지의 번호를 부여하여 구분하고, 해당되는 변수의 값이 0이면 보수를 취한 형태가 되고, 1이면 정상적인 형태로 나타난다.

어떤 부울 함수는 함수값이 1인 변수들의 최소항을 구하여 그것들을 OR함으로써 대수식을 구할 수 있다.

예를 들어 표 4-3의 논리함수 F_1은 세 변수 x, y, z가 000, 011, 100, 111일 경우에만 함수값이 1이다. 각각에 해당하는 최소항은 $x'y'z(m_0)$, $x'yz(m_3)$, $xy'z'(m_4)$, $xyz(m_7)$이고, 각 최소항은 해당 x, y, z을 OR한 것이 함수 F_1이 된다. 따라서 F_1은 아래와 같이 표현할 수 있다.

$$F_1 = x'y'z' + x'yz + xy'z' + xyz$$
$$= m_0 + m_3 + m_4 + m_7 \qquad\qquad (4.1)$$

이와 같이 부울 함수는 최소항들의 합(sum of minterms)의 형태로 표현이 가능하며, 식 (4.1)은 아래와 같이 간단히 표기하기도 한다.

$$F_1(x, y, z) = \sum(0, \ 3, \ 4, \ 7)$$

여기서 괄호 안의 문자는 최소항을 표기할 때 사용되는 변수이고 $\sum$(시그마)는 OR연산을 의미하며 숫자는 최소항을 나타낸다. 이는 모든 부울 함수는 최소항들의 합(sum of minterms)의 형태로 나타낼 수 있음을 의미한다.

따라서 n개의 변수는 서로 다른 2^n개의 최소항을 생성하므로 모든 부울 함수는 이러한 최소항들의 합으로 표현할 수 있다. 최소항의 합으로 표현된 최소항들은 진리표상에서 함수값이 1인 항들이다.

(2) 최대항

최소항의 경우와 비슷한 방법으로 입력변수들의 조합을 OR연산으로 결합된 각각의 항을 최대항(maxterm) 또는 표준합(standard sum)이라 한다. 따라서 최대항은 최소항의 보수(최소항을 제외한 모든 항)를 나타낸다. 예를 들어서 어떤 최소항이 $x'y'z'$일 경우 최소항과 최대항은 서로 보수관계를 가지므로 최대항은 $x+y+z$가 된다. 3변수에 대한 8개의 최대항은 논리함수와 함께 표 4-3에 보여 주고 있다.

표 4-3에서 최대항은 해당되는 변수의 값이 0이면 변수는 정상 상태이고, 1이면 보수를 취한 상태가 된다.

어떤 부울 함수의 보수는 진리표상에서 함수값이 0인 최소항들을 OR하면 되므로 식

(4.1)의 F_1의 보수 F_1'는

$$F_1' = x'y'z + x'yz' + xy'z + xyz'$$

이다. F_1'에 대해서 보수를 다시 취하면 다음과 같은 함수 F_1을 구할 수 있다.

$$F_1 = (x'y'z + x'yz' + xy'z + xyz')'$$
$$= (x+y+z')(x+y'+z)(x'+y+z')(x'+y'+z)$$
$$= M_1 \cdot M_2 \cdot M_5 \cdot M_6 \tag{4.2}$$

이와 같이 논리함수 F_1은 최대항들의 곱(product of maxterms)의 형태로 표현이 가능하며, 식 (4.2)는 아래와 같이 간단히 표기할 수 있다.

$$F_1(x, y, z) = \Pi(1, 2, 5, 6)$$

여기서 Π는 최대항의 AND 연산을 의미하며 숫자는 최대항을 나타낸다.

지금까지 설명한 것처럼 최소항의 합 또는 최대항의 곱의 형태로 표현된 부울 함수의 형식을 정규형(canonical form)이라 한다.

일반적으로 부울 함수를 최대항의 곱으로 표현하기 위해서는 우선 함수를 $X+YZ=(X+Y)(X+Z)$의 정리를 사용하여 OR항의 곱의 형태로 만든다. 다음에 각 항에서 빠진 변수를 그 항에 XX'의 형태로 추가한 후 OR 연산을 수행하고 다시 앞의 정리를 사용하여 OR 항의 곱의 형태로 바꾸면 된다.

4-2-2 최소항과 최대항의 관계

최소항의 합으로써 표현된 함수의 보수(complement)는 원래의 함수에서 빠진 최소항들의 합으로 나타낼 수 있다. 예를 들어 함수 F가

$$F(A, B, C) = \sum(1, 4, 5, 6, 7)$$

이라면 F'는

$$F'(A,B,C) = \sum(0,\ 2,\ 3) = m_0 + m_2 + m_3$$

이다.

다시 F'의 보수를 구하면 F가 되고, De Morgan의 정리에 의해

$$F = (m_0 + m_2 + m_3)' = m_0' \cdot m_2' \cdot m_3'$$
$$= M_0 \cdot M_2 \cdot M_3 = \prod(0,\ 2,\ 3)$$

이다. 위의 식에서 마지막 변환은 앞의 표 4-3 에서와 같이 $m_j' = M_j$라는 정의로부터 얻은 것이다. 위의 예에서와 같이 한 정준형식으로부터 다른 정준형식으로 변환하는 방법은 우선 $\sum$와 $\prod$를 교환하고, 원래의 식에 포함되어 있지 않은 번호를 나열하면 된다. 예를 들어

$$F(x,y,z) = \prod(0,\ 2,\ 4,\ 5)$$

와 같이 최대항의 곱으로 표현된 식을 최소항의 합으로 변형하면 다음과 같다.

$$F(x,y,z) = \sum(1,\ 3,\ 6,\ 7)$$

[예제 4-2] F=A+BC'를 최소항의 합으로 표현하라.

풀이 $F = A + BC'$

$= A(B+B') + BC' = AB + AB' + BC'$: A항에 변수 B추가

$= AB(C+C') + AB'(C+C') + BC'$: AB, AB' 항에 변수 C추가

$= ABC + ABC' + AB'C + AB'C' + BC'$

$= ABC + ABC' + AB'C + AB'C' + BC'(A+A')$: BC'항에 변수 A추가

$= ABC + ABC' + AB'C + AB'C' + ABC' + A'BC'$

$= ABC + ABC' + AB'C + AB'C' + A'BC'$: 공통항 소거(X+X=X)

$= A'BC' + AB'C' + AB'C + ABC' + ABC$: 오름차순 정리

$= m_2 + m_4 + m_5 + m_6 + m_7$

[예제 4-1] F＝xy＋x'z를 최대항의 곱의 형태로 표현하라.

풀이 $F = xy + x'y$

$\quad = (xy + x')(xy + z)$: 분배법칙 $X + YZ = (X + Y)(X + Z)$ 적용

$\quad = (x + x')(y + x')(x + y)(y + z)$

$\quad = (x' + y)(x + z)(y + z)$

각 항에 빠진 변수를 추가하면

$\quad x' + y = x' + y + zz' = (x' + y + z)(x' + y + z')$

$\quad x + z = x + z + yy' = (x + y + z)(x + y' + z)$

$\quad y + z = y + z + xx' = (x + y + z)(x' + y + z)$

이 되고, 모든 항을 결합한 후 공통항을 소거하면 다음과 같은 식이 된다.

$\quad F = (x + y + z)(x + y' + z)(x' + y + z)(x' + y + z')$

$\quad\quad = M_0 \cdot M_2 \cdot M_4 \cdot M_5$

4-3 부울 함수의 대수적 간략화

이 방법은 진리표로부터 최소항의 합 또는 최소항의 곱으로 표현된 논리함수를 구하고, 부울대수의 가설과 정리를 적용하여 부울식을 간략화하는 것이다. 간략화된 논리함수가 더 이상의 가설과 정리가 적용되지 않을 때 이 함수는 최적으로 간략화 되었음을 의미하며, 간략화된 논리함수는 최소의 항과 최소의 문자를 가지는 SOP나 POS의 형태로 표현된다.

대수적인 방법에 의한 간략화를 설명하기 위해서 표 4-3의 논리함수 F_1과 F_2를 최소항의 합의 형태로 표현하면 다음과 같다.

$$F_1 = x'y'z' + x'yz + xy'z' + xyz \qquad\qquad (4.3)$$
$$F_2 = x'y'z + x'yz' + xy'z + xyz' \qquad\qquad (4.4)$$

결합법칙을 이용하면 식 (4.3)은 다음과 같이 표현할 수 있다.

$$F_1 = y'z'(x'+x) + yz(x'+x)$$
$$= y'z' + yz \qquad\qquad (4.5)$$

동일한 방법을 이용하면 식 (4.4)은 다음과 같이 표현할 수 있다.

$$F_2 = y'z(x'+x) + yz'(x'+x)$$
$$= yz' + yz' \qquad\qquad (4.6)$$

최소항의 합의 형태로 표현된 식 (4.3)의 함수를 논리 게이트로 구현한 회로로 구현하면 그림 4-1과 같으며, 그림 4-2는 간략화된 함수식 (4.5)을 이용한 회로의 구현을 나타낸다.

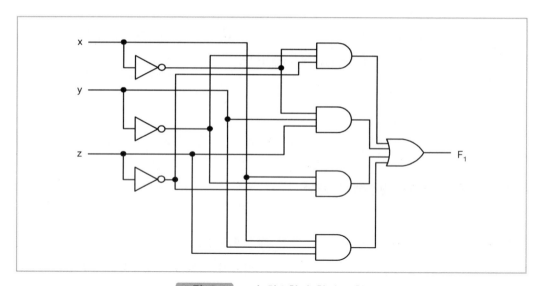

그림 4-1 F₁의 최소항의 합의 구현

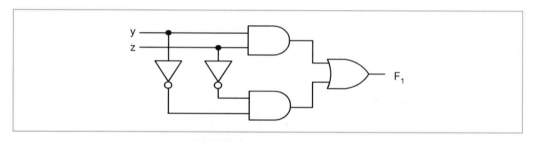

그림 4-2 F₁의 간략화된 구현

한편, F_1을 최대항의 곱으로 표현하기 위해서는 F_1의 보수를 취한 후, 이를 다시 보수로 취하면 된다. 즉, 드모르간의 정리를 이용하여 다음과 같이 $(F_1')'$를 구하면 된다.

$$(F_1')' = F_1$$
$$= (x'y'z + x'yz' + xy'z + xyz')'$$
$$= (x+y+z')(x+y'+z)(x'+y+z')(x'+y'+z) \qquad (4.7)$$

그림 4-3은 최대항의 곱의 형태로 표현된 식 (4.7)의 함수를 논리 게이트로 구현한 회로를 나타낸다.

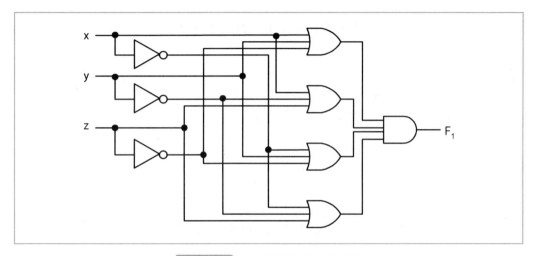

그림 4-3 F_1의 최대항의 곱의 구현

대수적인 간략화 방법은 근본적으로 관찰(observation)에 의해 이루어지며, 간략화 과정에서 다음 단계를 예측할 수 있는 특정한 규칙이 없기 때문에 체계적이지 못하다. 더 복잡한 식의 간략화를 위해서는 좀더 체계적인 다른 방법을 사용해야 한다.

[예제 4-3] 식 (4.4)과 식 (4.6)의 부울 함수를 논리 게이트로 구현하라.

풀이 그림 4-4는 함수 F_2에 대한 최소항의 합으로 구현된 논리도이며, 그림 4-5는 이 함수가 간략화된 논리도를 나타낸다.

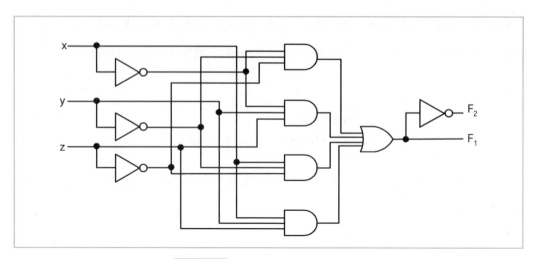

그림 4-4 F_2의 최소항의 합의 구현

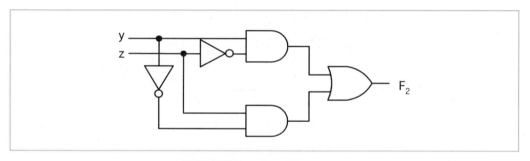

그림 4-5 F_2의 간략화된 구현

4-4 표준형 부울 함수

아래의 두 개의 부울식에서 식 (4.8)은 일반형으로 표현된 논리식이며, 식 (4.9)는 곱의
합의 형태로 표현된 논리식이다.

$$F(A,B,C) = A(B+C) + BC \tag{4.8}$$
$$F(A,B,C) = AB + AC + BC \tag{4.9}$$

식 (4.8)의 표준형 논리식에 대해 분배법칙을 적용하면 식 (4.9)와 같이 변형된 SOP 형태의 논리식을 유도할 수 있다.

식 (4.8)과 식 (4.9)의 부울 함수를 논리회로로 구현하면 그림 4-6과 같다.

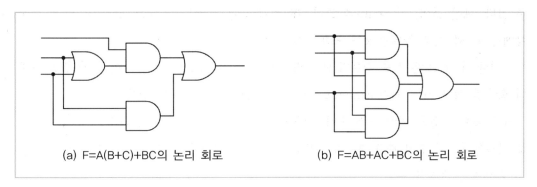

(a) F=A(B+C)+BC의 논리 회로   (b) F=AB+AC+BC의 논리 회로

그림 4-6 혼합된 부울 함수와 표준형 부울 함수의 구현

그림 4-6의 두 회로를 비교해보면, (a) 회로는 세 단(level)를 거치는 반면, SOP 형태의 (b) 회로는 두 단의 회로로 구현된다. 여기서 레벨(level)이란 입력단자에서 출력 단자까지 거치는 최대의 게이트 수를 뜻한다.

결과적으로 (b)의 회로는 AND-OR 형태의 논리 구조로 정형화 되었기 때문에 처리 시간이 단축되며, 또한, 회로 구성이 간단하게 된다.

4-4-1 SOP 표현

정준형식에서 최소항과 최대항은 모든 변수의 리터럴을 포함하고 있으므로 일반적으로 최소의 리터럴을 갖는 표현이라 할 수 없다. 부울 함수의 또 하나의 표현 방식으로 표준형(standard form)이 있으며 이 형식에서는 각 항은 임의의 리터럴 수를 가질 수 있다. 표준형식에는 곱의 합(SOP: sum of product)과 합의 곱(POS: product of sum)의 두 가지가 있으며, 여기서 곱은 AND를, 합은 OR를 의미한다.

SOP는 입력 단계인 첫 단계에서는 AND항(product term)으로 구성되고, 출력측인 두 번째 단계에서는 OR항(sum term)으로 구성된 논리식이다.

예를 들어 아래의 두 함수는 SOP 표현의 형태를 나타내고 있다.

$$F_1 = xy + xz + yz \qquad (4.10)$$
$$F_2 = x'yz' + x'yz + xyz' \qquad (4.11)$$

SOP 표현에서는 그 함수에 사용될 변수들 중에 포함되지 않은 변수가 있는 항들이 있을 수 있다. 예를 들어, 식 (4.10)을 보면, 첫 번째 항에는 z가 포함되어 있지 않고, 두 번째 항에는 y, 세 번째 항에는 x가 포함되어 있지 않다.

그러나 식 (4.11)은 부울 함수의 모든 항들이 변수들을 포함하고 있는데, 이와 같은 형태의 함수를 정규 SOP 표현(canonical SOP representation)이라 한다.

SOP 표현을 정규 SOP 표현 형태로 바꾸려면 함수의 대수식을 적(AND)항의 합(OR)으로 전개한 후, 각 항에 빠진 변수가 있으면 그 변수를 $(X+X')$의 형태로 그 항에 AND 연산을 취하여 전개하면 된다.

> **[예제 4-4]** $F = A + BC'$를 정규 SOP 형태로 표현하라.

풀이
$$
\begin{aligned}
F &= A + BC' \\
&= A(B+B') + BC' = AB + AB' + BC' && : \text{A항에 변수 B추가} \\
&= AB(C+C') + AB'(C+C') + BC' && : \text{AB, AB' 항에 변수 C추가} \\
&= ABC + ABC' + AB'C + AB'C' + BC' \\
&= ABC + ABC' + AB'C + AB'C' + BC'(A+A') && : \text{BC'항에 변수 A추가} \\
&= ABC + ABC' + AB'C + AB'C' + ABC' + A'BC' \\
&= ABC + ABC' + AB'C + AB'C' + A'BC' && : \text{공통항 소거}(X+X=X) \\
&= A'BC' + AB'C' + AB'C + ABC' + ABC && : \text{오름차순 정리} \\
&= m_2 + m_4 + m_5 + m_6 + m_7
\end{aligned}
$$

4-4-2 POS 표현

SOP 표현과는 반대로, 변수들 간의 부울 합으로 이루어진 두 개 이상의 항들의 부울 곱셈에 의해 곱해진 형태의 부울 함수를 POS 라고 한다. POS는 첫 단계에서는 AND 항

(product term)으로 구성되고, 두 번째 단계에서는 OR 항(product term)으로 구성된 논리식이다.

예를 들어 아래의 두 함수는 POS 표현의 형태를 나타내고 있다.

$$F_1 = (x' + y)(y' + z')　　　　　　　　　　　　　　　　(4.12)$$
$$F_2 = (x' + y + z')(x' + y' + z')　　　　　　　　　　　　(4.13)$$

식 (4.12)의 POS 표현을 보면, 첫 번째 항에는 z가 포함되어 있지 않고, 두 번째 항에는 x가 포함되어 있지 않다.

그러나 식 (4.13)은 부울 함수의 모든 항들이 변수들을 포함하고 있는데, 이와 같은 형태의 함수를 정규 POS 표현(canonical POS representation)이라 한다.

일반적으로 부울 함수를 정규 POS 표현으로 표현하기 위해서는 우선 함수를 $X + YZ = (X + Y)(X + Z)$의 정리를 사용하여 OR항의 곱의 형태로 변환한다. 다음에 각 항에서 빠진 변수를 그 항에 XX'의 형태로 추가한 후 OR 연산을 수행하고 다시 앞의 정리를 사용하여 OR 항의 곱의 형태로 바꾸면 된다.

[예제 4-5] $F = xy + x'z$를 정규 POS 형태로 표현하라.

풀이　$F = xy + x'y$

$　　= (xy + x')(xy + z)$　　　　　　　　　　: 분배법칙 $X + YZ = (X + Y)(X + Z)$ 적용

$　　= (x + x')(y + x')(z + x)(y + z)$

$　　= (x' + y)(x + z)(y + z)$

각 항에 빠진 변수를 추가하면

$　　x' + y = x' + y + zz' = (x' + y + z)(x' + y + z')$

$　　x + z = x + z + yy' = (x + y + z)(x + y' + z)$

$　　y + z = y + z + xx' = (x + y + z)(x' + y + z)$

이 되고, 모든 항을 결합한 후 공통항을 소거하면 다음과 같은 식이 된다.

$　　F = (x + y + z)(x + y' + z)(x' + y + z)(x' + y + z')$

$　　　= M_0 \cdot M_2 \cdot M_4 \cdot M_5$

4-5 맵에의 간략화 방법

카노프 맵(Karnaugh Map)은 부울 함수의 진리표를 표현하기 위하여그림 모양으로 표현한 방법이며, K-map이라고도 부른다. 이 방법은 적은 수의 변수(3개에서 6개까지)들을 가진 부울 함수를 간략화시키는 데 편리하다. 맵은 n개의 2진 변수들에 대한 모든 조합들을 나타내는 사각형(square)들의 배열로 이루어진다. 즉, 변수의 수를 n이라 하면 K-map은 2^n개의 셀(cell)을 가지게 되며, 이 셀들은 2^n개의 최소항(최대항)의 각각과 대응된다.

4-5-1 2변수 및 3변수의 맵

그림 4-7은 4개의 사각형으로 되어 있는 2변수에 대한 카노프 맵을 나타낸다. 그림 4-7에서 (a)는 각각의 사각형에 배정된 4개의 최소항을 나타내며, (b)는 최소항과 대응되는 변수들을 나타낸다.

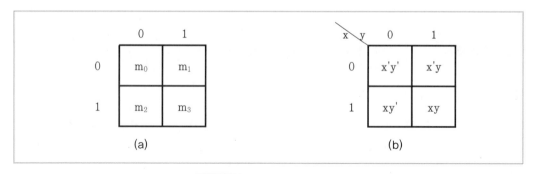

그림 4-7 2변수의 카노프 맵

그림 4-7에서 각 행(row)과 열(column)에 표시한 0과 1은 변수 x와 y에 대한 값을 나타낸다. x와 y값이 0일 때는 prime 부호(')가 붙어 있으나 1일 때는 prime 부호가 붙어 있지 않다. 맵상에 나타난 셀들은 최소항 $m_0 = x'y'$, $m_1 = x'y$, $m_2 = xy'$, $m_3 = xy$와 일치하게 된다.

맵은 어떤 부울 함수든지 다음과 같은 방법으로 표현할 수 있다. 각 칸은 각 SOP항에 대응되며, 해당 변수에 대하여는 1이, 변수의 NOT에 대하여는 0이 쓰여진다. 예를 들어서

그림 4-7(b)의 경우 x'y, xy', xy의 각 항에는 1이 쓰여져 있다. 나머지 항에는 0을 쓸 수 있으나 경우에 따라서 생략하기도 한다.

[예제 4-6] 부울 함수 $F = xy' + x'y + xy$를 카노프 맵을 이용하여 간략화 하여라.

풀이 함수 F에서 xy'는 그림 4-7에서 m_1에서의 변수와 동일하므로 동일한 위치에 1을 삽입한다. 같은 방법을 이용하여 함수의 각 항과 일치하는 위치에 1을 삽입하면 그림 4-8과 같은 맵을 얻을 수 있다. 따라서 맵에서의 1은 함수 F의 최소항의 하나에 대응된다.

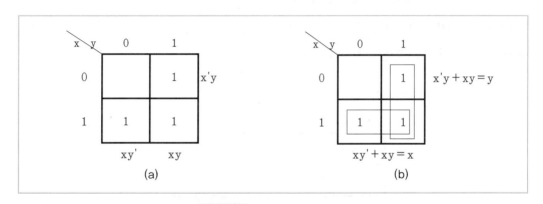

그림 4-8 2변수의 카노프 맵

진리표에서 최소항을 읽을 수 있는 것처럼 카노프 맵에서도 최소항을 구할 수 있다. 예를 들어서 그림 4-8(a)의 구역 01(x'y)에서의 1은 x'y가 F의 최소항임을 나타낸다. 인접된 사각형의 최소항들은 단지 한 개의 변수만이 다르면 묶을 수 있다. xy'와 xy는 x의 형태로 묶여지고, x'y와 xy는 y의 형태로 묶을 수 있다(그림 4-8(b)). 따라서 간략화된 함수 F는 식 (4.14)과 같이 표현된다.

$$F = xy' + x'y + xy = x + y \qquad (4.14)$$

맵 방법에서 결합되는 인접한 사각형의 수는 2의 지수(1, 2, 4, 8)의 형태로 묶어야 한다는 것을 유의하라.

맵 방법에서의 간략화를 위한 기본 개념은 가능한 한 많은 수의 인접한 사각형을 결합하도록 하여 보다 작은 수의 리터럴(literal)의 적을 갖는 항을 얻고자 하는 것이다. 2변수의 맵에 있어서 하나의 사각형은 2개의 리터럴이 한 항을 나타낸다. 그러나 2개의 인접한 사각형의 결합하면 한 항은 1개의 리터럴을 갖게 된다. 예를 들어 인접한 두 칸들이 모두 1의 값을 가진다면 그 칸들에 대응되는 항들은 한 변수의 값만 다르며, 이 경우에 그 두 항들은 그 변수를 제거함으로써 합쳐질 수 있다. 만약, 4개의 인접한 사각형들이 전체의 맵을 둘러싼 경우 이것은 논리 1과 같다.

3변수의 경우는 $8(2^3)$개의 최소항을 갖게되며, 그림 4-9은 3변수에 대한 카노프 맵을 나타낸다. 이 맵은 8개의 사각형으로 되어 있으며, 한 변수명은 왼쪽에, 나머지는 위쪽에 쓰여진다. 사각형의 각각은 함수의 최소항을 나타낸다. 그림 4-9에서 (a)는 각각의 사각형에 배정된 8개의 최소항을 나타내며, (b)는 최소항과 대응되는 변수들을 나타낸다.

	00	01	11	10
0	m_0	m_1	m_3	m_2
1	m_4	m_5	m_7	m_6

(a)

yz / x	00	01	11	10
0	$x'y'z'$	$x'y'z$	$x'yz$	$x'yz'$
1	$xy'z'$	$xy'z$	xyz	xyz'

(b)

그림 4-9 3변수의 카노프 맵

그림 4-9에서 각 사각형에 해당하는 최소항은 행과 열에 나타난 숫자를 결합하여 얻을 수 있다. 예를 들어서, 2번째 행(1)과 4번째 열(10)을 결합하면 2진수 110이 되며 이것은 10진수 6과 등가인 2진수가 된다. 따라서 행 1과 열 10에는 m_6가 지정된다. 변수 3 이상의 경우의 간략화 방법도 2변수의 경우와 비슷하다. 그러나 그림 4-9에 나타난 것과 같이 변

수값 y, z의 배치(00, 01, 11, 10) 및 이에 대응하는 최소항의 할당 순서(m_0, m_1, m_3, m_2)에 유의해야 한다. 왜냐하면 인접한 사각형끼리 $XY + XY' = X$의 정리를 이용하여 주어진 함수를 간략화하기 위해서는 단지 하나의 변수값만이 달라야 하기 때문이다.

3변수의 경우에 있어서 하나의 사각형은 3개의 리터럴로 구성되지만, 2개의 인접한 사각형이 결합하면 한 항은 2개의 리터럴을 갖게 된다. 또한, 4개의 인접한 사각형들의 결합은 한 항이 1개의 리터럴로 이루어 지며, 8개의 인접한 사각형들은 전체의 맵을 둘러싸므로 이것은 항상 1과 같게 된다.

간략화하는 과정에서는 먼저 위에서 설명한 지수의 형태로 가능한한 크게 그룹을 지어야 한다. 1을 가진 사각형들이 모두 그룹지어지지 않는다면, 그 다음으로 인접된 1을 갖는 큰 그룹을 찾아야 한다. 이 경우 도표의 왼쪽과 오른쪽 바깥편에 있는 사각형들도 서로 인접해 있는 것으로 간주한다. 칸들을 그룹지을 때는 같은 사각형이 여러 번 사용될 수 도 있다.

[예제 4-7] 부울 함수 $F(x_1, x_2, x_3) = \sum(2, 3, 4, 5)$를 간략화하라.

풀이 이 함수에 대한 K-map은 그림 4-10과 같다.

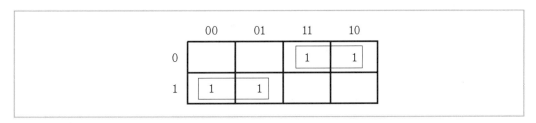

그림 4-10 [예제 4-7]에 대한 맵

이 그림에서 1을 가진 2개의 인접한 사각형(m_2, m_3)은 다음과 같이 표현할 수 있다.

$$m_2 + m_3 = x_1'x_2x_3' + x_1'x_2x_3 = x_1'x_2(x_3 + x_3') = x_1'x_2$$

또한, m_4, m_5는 다음과 같이 표현할 수 있다.

$$m_4 + m_5 = x_1x_2'x_3' + x_1x_2'x_3 = x_1x_2'(x_3' + x_3) = x_1x_2'$$

그러므로 다음과 같이 간략화된 함수 F를 얻을 수 있다.

$$F = x_1'x_2 + x_1x_2'$$

정규형이 아닌 SOP 표현의 부울 함수에 대한 카노프 맵을 작성하기 위해서는 먼저 그 함수를 정규형 표현으로 변형해야 한다. 즉, 어떤 항에 변수가 포함되어 있지 않은 경우에는 $(X'+X)$ 형태로 변수를 포함시킨 다음에 식을 전개시킨다.

[예제 4-8] 아래의 부울 함수 표현에 대한 카노프 맵을 작성하여라.

$$F(x,y,z) = x + y'z + x'yz'$$

풀이 카노프 맵을 작성하기 위해서는 먼저 부울 함수를 정규형으로 변형해야 한다. 부울 함수 F를 정규형으로 변형하기 위해서는 아래와 같이 첫 째항과 둘째 항에 포함되지 않은 변수를 추가해서 전개시킨 후, K-map을 작성하면 된다.

$$
\begin{aligned}
F(x,y,z) &= x(y+y') + (x+x')y'z + x'yz' \\
&= xy + xy' + xy'z + x'y'z + x'yz' \\
&= xy(z+z') + xy'(z+z') + xy'z + x'y'z + x'yz' \\
&= xyz + xyz' + xy'z + xy'z' + x'y'z + x'yz' \\
&= \Sigma(1,\ 2,\ 4,\ 5,\ 6,\ 7)
\end{aligned}
$$

이 부울 함수 F에 대한 K-map을 작성하면 그림 4-11과 같다.

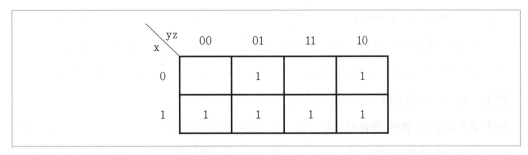

<table>
<tr><td></td><td>00</td><td>01</td><td>11</td><td>10</td></tr>
</table>

x＼yz	00	01	11	10
0		1		1
1	1	1	1	1

그림 4-11 [예제 4-8]에 대한 맵

4-5-2 4변수의 맵

그림 4-12는 16개의 사각형으로 되어 있는 4변수에 대한 카노프 맵을 나타낸다. 4변수의 경우는 $16(2^4)$개의 최소항을 갖게되며, 사각형의 각각은 함수의 최소항을 나타낸다.

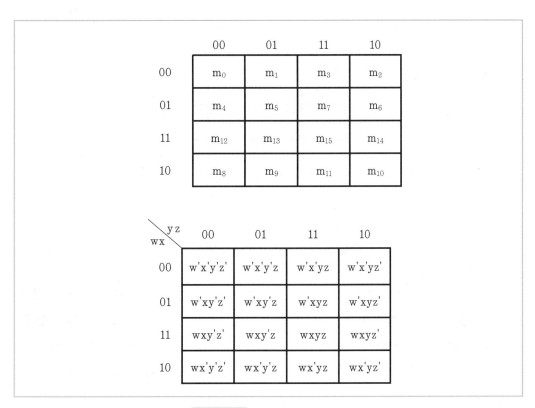

	00	01	11	10
00	m_0	m_1	m_3	m_2
01	m_4	m_5	m_7	m_6
11	m_{12}	m_{13}	m_{15}	m_{14}
10	m_8	m_9	m_{11}	m_{10}

wx＼yz	00	01	11	10
00	$w'x'y'z'$	$w'x'y'z$	$w'x'yz$	$w'x'yz'$
01	$w'xy'z'$	$w'xy'z$	$w'xyz$	$w'xyz'$
11	$wxy'z'$	$wxy'z$	$wxyz$	$wxyz'$
10	$wx'y'z'$	$wx'y'z$	$wx'yz$	$wx'yz'$

그림 4-12 4변수의 카노프 맵

그림 4-12에서 각 사각형에 해당하는 최소항은 3변수의 경우와 마찬가지로 행과 열에 나타난 숫자를 결합하여 얻을 수 있다. 예를 들어서, 3번째 행(11)과 네 번째 열(10)을 결합하면 2진수 1110이 된다. 이것은 10진수 14와 등가인 2진수가 되므로 제3행과 제4열의 사각형에는 m_{14}가 지정된다.

어떤 함수로부터 맵이 만들어지면 1의 배열 상태에 따라 대수식을 쓰기만 하면 되는데, 4변수의 도표에 대한 간략화 과정은 3변수의 경우와비슷하다. 이 맵에서는 인접하여 있다는 개념을 맵의 양쪽 바깥편에 있는 칸들도 서로 인접해 있는 것으로 간주한다. 따라서 행의 아래와 위가 붙어 있고, 열의 왼쪽과 오른쪽이 붙어 있다고 볼 수 있다. 그룹을 지은 후에도 혼자 남아 있는 1이 있을 경우에는 이것을 하나의 그룹으로 간주한다. 마지막으로, 맵으로부터 부울 식을 찾아쓰기 전에 여러 그룹들에 의하여 중복된 부분이 있으면 제거해야 한다. 그림 4-13이 그 경우를 보여주고 있다. 이 경우에 가로 방향의 그룹이 중복되어 있기 때문에 무시될 수 있다.

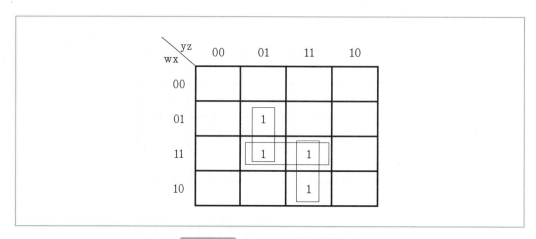

그림 4-13 그룹의 중첩에 대한 예

카노프 맵에는 한 가지 특성이 더 있다. 경우에 따라 변수들의 조합들 중에는 그 입력 조건이 절대 발생하지 않으며, 따라서 그에 대응되는 출력도 발생되지 않는 것들이 있다. 이 입력 조건들을 "무정의 조건(don't care condition)"라 한다. 그러한 조건에 대응되는 칸에는 d를 쓴다. 간략화를 위하여 인접한 칸들을 그룹으로 묶을 때, 이들은 1 또는 0 중에서 간략화에 도움이 되는 어떤 값으로도 사용될 수 있다.

[예제 4-9] 아래의 부울 함수 표현에 대한 카노프 맵을 작성하고, 간략화하라.

$$F(w, x, y, z) = \Sigma(0, 1, 2, 4, 5, 6, 8, 9, 12, 13, 14)$$

풀이 그림 4-14는 함수 F에 대한 카노프 맵을 나타낸다. 주어진 함수로부터 카노프 맵을 작성할 때는 괄호 속의 숫자들에 대응되는 셀들을 1로 채우면 된다. 작성된 맵으로부터 간략화된 함수를 유도하면, $F(w, x, y, z) = y' + w'z' + xz'$ 이 된다.

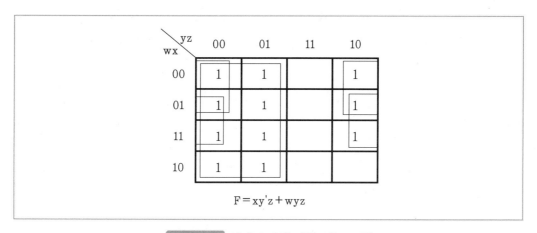

그림 4-14 예제 4-9에 대한 카노프 맵

4-6 퀸-맥클러스키의 간략화 방법

부울대수의 간략화를 위한 K-map 방법은 기하 구조적인 특성 때문에 변수의 수가 적은 경우에 적합하다. 그러나 4개 이상의 변수들에 대하여 카노프 맵을 사용하면 매우 복잡하게 되므로 최적화된 부울함수를 구하기가 매우 어렵게 된다. 만약, 변수의 수가 5개 이면 최소항의 수는 사각형의 수와 일치해야하므로 16개의 사각형을 가진 2개의 도표가 필요하며, 변수의 수가 6개이면 16개의 사각형을 가진 4개의 도표가 필요하다.

K-map 보다 더 간단하고 체계적인 방법으로 부울함수의 간략화를 위한 방법이 퀸-맥클러스키(QM: Quine-McKluskey) 방법이며, 도표에 의해서 간략화를 행하므로 Tabular

방법이라고도 한다. 이 방법은 변수의 수와 관계 없이 간략화가 가능한 장점은 있으나 사람에 의한 계산과정은 복잡하므로 컴퓨터 프로그램을 이용하여 부울식을 자동적으로 간략화 시키는 데 적합하다.

퀸-맥클러스키의 간략화 방법은 최적의 곱의 합(SOP)의 형태를 얻기 위하여 최소항들의 결합에 의해서 리터럴 수를 줄여나가는 과정을 반복하면 되는데, 이 과정은 크게 두 단계로 나눌 수 있다.

1) XY+XY'=X의 정리를 적용하여 각항에 있는 리터럴(문자)의 수를 최대로 줄인다. 이때 얻어진 결과의 항을 주항(prime implicant)이라 한다.

2) 주항 표(prime implicant table)를 사용하여 최소화된 함수를 형성하고 있는 주항을 선택하고, 선택된 항들을 OR하여 최소의 리터럴 수를 갖는 간략화된 함수를 얻는다.

4-6-1 주항의 결정

QM 절차를 적용하기 위해서는 부울함수는 곱의 합의 형태로 표현되어야 한다. 이 방법에 있어서 주항의 결정은 아래의 정리를 이용하면 된다.

$$XY+XY'=X(Y+Y') \ = \ 1 \cdot X$$

주항을 찾기 위해서 각각의 최소항들은 오직 한 변수만 다른 항들과 비교된다. 즉, 임의의 두 최소항의 비교에서 단지 한 변수만이 다르다면 그들은 서로 다른 한 변수는 제거되고 나머지 변수로 구성된 새로운 적의 항을 얻는다.

예를 들어서 두 개의 최소항 AB'CD'와 AB'CD에 대한 2진수의 표현은 각각 1010과 1011이 되므로 서로 다른 한 변수(비트)가 제거된 항인 101-(AB'C를 의미함)를 얻을 수 있다. 여기서 -는 제거된 변수를 나타낸다.

이러한 방법을 이용해서 모든 최소항에 대해서 비교를 행하여 새로운 곱의 항을 얻는다. 이러한 비교 과정은 새롭게 구해진 모든 항에 대해서도 반복한다. 이러한 과정을 반복한 후에 조합되지 않는 모든 항과 남아 있는 항이 주항이 된다. 비교의 과정 중에 요구되는 비교의 횟수를 줄이기 위해서 1의 개수가 같은 최소항끼리 그룹화를 행하고, 1의 개수의 차이가 1인 모든 그룹에 대해서 각 최소항끼리 비교한다.

예를 들어서 다음과 같은 함수 F가 주어졌을 때, 최소항의 합으로 표현되는 F의 모든 주항을 구해보자.

$$F(A,B,C,D) = \sum(0,\ 1,\ 2,\ 5,\ 6,\ 7,\ 8,\ 9,\ 10,\ 14)$$

함수 F의 모든 주항을 결정하기 위해서는 다음과 같은 단계에 의해서 수행된다.

단계 1 모든 최소항들을 2진수로 표현하여 1의 개수(보수화된 변수 들(complemented variables)의 개수)에 따라 4개의 그룹으로 정렬한다. 표 4-4의 (열 I)에서 각 그룹들은 수평선에 의해서 구분하며, 각 항은 보수화되지 않은 비트는 1로, 보수화된 비트는 0으로 표시되었다. 또한, 각 그룹 다음의 숫자는 각 항을 10진수로 표현한 것이다.

단계 2 인접한 두 개의 그룹(그룹 0과 그룹 1, 그룹 1과 그룹 2, 그룹 2와 그룹 3) 각각에 대해서 두 항씩을 비교를 계속하여 한 개의 비트값만 다르고 나머지 비트값들은 같은 항들을 찾는다. 한 개의 비트값만 서로 다른 두 개의 항들을 찾을 때 마다 그 항들의 옆에 점검 표시(✔) 하고, 단지 다른 비트값을 제거한 후 생성된 새로운 항들을 새로운 표(열 II) 에 추 가한다. 예를 들어서 그룹 0의 항(0000)과 그룹 1의 항(0001)을 비교하여 한 개의 비트값이 제거된 새로운 항 000−을 열 II에 추가하였고, 그 옆에 ✔를 삽입하였다. 이때 X+X=X이기 때문에 한 항은 한 번 이상 사용이 가능하다. 그리고 (0, 1)은 이 두 항의 결합관계를 십진수로 나타낸 것이다. 이러한 과정은 모든 항들에 대하여 반복하여 수행하면 (열 II)에 나타난 결과를 얻을 수 있다.

단계 3 (열 III)의 최소항들은 (열 II)와 같은 방법으로 생성되며, 여기서 두항의 비교 조건은 −의 위치가 동일한 같은 것에 한한다. 예를 들어서 그룹 0에 속하는 (0, 1)의 000−와 그룹 2에 속하는 (8, 9)의 100−를 비교하여 결과의 최소항 −00−을 (열 III)에 표시한다. 이러한 비교 과정은 위에서 설명한 조건을 만족하는 항들이 없어질 때까지 계속된다. (열 III)의 결과를 보면 서로 같은 최소항들이 존재하는데 이것은 결합 순서가 다른 경우에 발생하므로 이들 중 하나는 제거한다(×로 표시됨). (열 Ⅲ)의 최소항들은 더 이상 결합이 불가능하므로 주항의 결정의 과정은 여기서 끝나게 된다. 이 표에서 *는 상호 결합이 수행되지 않은 최소항들을 나타낸다.

표 4-5 주항의 결정

I		II		III	
그룹 0	0 0000 ✔	(0, 1)	000- ✔	* (0, 1, 8, 9)	-00-
		(0, 2)	00-0 ✔	* (0, 2, 8, 10)	-0-0
그룹 1	1 0001 ✔	(0, 8)	-000 ✔	× (0, 8, 1 9)	-00-
	2 0010 ✔			× (0, 8, 2, 10)	-0-0
	8 1000 ✔	* (1, 5)	0-01		
		(1, 9)	-001 ✔	* (2, 6, 10, 14)	--10
그룹 2	5 0101 ✔	(2, 6)	0-10 ✔	× (2, 10, 6, 14)	--10
	6 0110 ✔	(2, 10)	-010 ✔		
	9 1001 ✔	(8, 9)	100- ✔		
	10 1010 ✔	(8, 10)	10-0 ✔		
그룹 3	7 0111 ✔	* (5, 7)	01-1		
	14 1110 ✔	* (6, 7)	011-		
		(6, 14)	-110 ✔		
		(10, 14)	1-10 ✔		

일단 위에서 설명한 과정이 완료되면, 원래 표현식에 있던 많은 항들이 제거되고, *로 표시된 항은 더 이상 다른 항들과 결합이 불가능하므로 주항이 된다. 따라서 이러한 (열 II)에서 얻어진 주항들을 함수로 표현하면 식 (4.1)과 같다.

$$F = A'C'D + A'BD + A'BC + B'C' + B'D' + CD' \qquad (4.1)$$

이 함수의 각 항들은 최소 수의 리터럴(문자)들을 가지고 있지만, 항의 개수는 최소라 할 수 없다.

다음 단계에서는 최적화된 함수를 얻기 위해서 주항 맵(도표)을 사용하는 방법을 소개한다.

4-6-2 주항의 선택

 최소의 주항 집합의 선택은 주항 도표를 이용하면 된다. 표 4-4에서 제거되지 않은 주항들(* 표시)을 이용하여 표 4-5와 같은 주항 맵을 만들 수 있다.

표 4-5 주항 맵

주항 / 최소항		0	1	2	5	6	7	8	9	10	14
✔ (0, 1, 8, 9)	B'C'	×	×					×	⊗		
(0, 2, 8, 10)	B'D'	×		×				×		×	
✔ (2, 6, 10, 14)	CD'			×		×				×	⊗
(1, 5)	A'C'D		×		×						
(5, 7)	A'BD				×		×				
(6, 7)	A'BC					×	×				
		✔	✔	✔		✔		✔	✔	✔	✔

 주항 도표의 각 행(row)에는 표 4-5에서 ✔로 표시된 주항들을 표시하고, 각 열(column)에는 함수의 최소항을 표시한다.

 이때 열에 있는 최소항이 행에 있는 주항에 포함되면, 그 행과 열이 만나는 지점에 ×표를 한다.

 예를 들어서 주항 B'C'는 최소항 0, 1, 8, 9의 합으로 되어 있으므로 1 행에서 이들 최소항에 ×가 표시되어 있다. 그 다음에, 한 열에 ×표시가 한 개뿐인 경우에는 그 ×에 원($\otimes$)을 표시하고, 그 주항 앞에 점검표시(✔)를 붙인다. 이때 ✔로 표시된 주항을 필수 주항(essential prime implicant)이라 하며, 선택된 필수주항에 포함된 최소항이 있는 각 열에 점검 표시를 붙인다. 따라서 이 도표에서 필수 주항은 B'C'와 CD'가 되며, 이들 주항들은 간략화된 식의 최소항에 반드시 포함되어야 한다. 하나의 필수 주항이 함수의 표현에 사용되면 필수 주항에 포함된 최소항들은 고려할 필요가 없으므로 해당하는 주항의 행과 포함된 모든 최소항의 열(✔로 표시된 열)을 지운다. 이에 대한 결과는 표 4-6에 나타낸다.

표 4-6 간략화된 주항 맵

주항	최소항	5	7
(0, 2, 8, 10)	B'D'		
(1, 5)	A'C'D	×	
* (5, 7)	A'BD	×	×
(6, 7)	A'BC		×

이 간략화된 주항 도표로부터 5와 7을 제외한 필수 주항이 간략화된 함수의 모든 최소항에 포함됨을 알 수 있다. 그러나 이러한 2개의 항도 하나 또는 그 이상의 주항을 선택하여 포함시켜야 한다. 여기에서는 A'BD가 남은 두 개의 열을 포함하므로 이것이 포함된다.

그래서 곱의 합의 형태로 표현된 최소의 주항들을 갖는 간략화된 함수는 식 (4.2)과 같이 나타낼 수 있다.

$$F = B'C' + CD' + A'BD \qquad\qquad (4.2)$$

연습문제

01 다음 부울 함수들을 최소 문자를 사용하여 간략화하라.

(1) $xy + xy' + x'y'$ (2) $(x+y)(x+y')$

02 아래 함수에 대한 진리표를 유도하라.

(1) $F1(w,x,y,z) = xy + x'z$

(2) $F2(w,x,y,z) = wx' + yz + w'y'$

03 드모르간의 정리를 이용하여 다음 부울함수를 OR와 보수 연산만을 갖는 등가의 부울함수로 바꿔라.

(1) $F = x'y' + x'z + y'z$ (2) $F = (y+z')(x+y)(y'+z)$

04 부울함수 $F = xy + x'y' + y'z'$가 주어졌을 때 다음의 지시한 게이트를 이용하여 논리도를 작성하라.

(1) AND, OR, NOT 게이트

(2) OR, NOR 게이트

(3) AND, NOT 게이트

05 다음 함수를 최소항의 합과 최대항의 곱으로 표현하라.

(1) $F(w,x,y) = (w'+x)(x'+y)$

(2) $F(w,x,y,z) = z(w'+x) + x'z$

(3) $F(w,x,y,z) = (w+x'+y)(w+x')(w+y'+z')$

06 다음 함수들의 진리표를 구하고, 각 함수들을 최소항의 합과 최대항의 곱의 형태로 표현하여라.

(1) $(xy+z)(y+xz)$ (2) $(x'+y)(y'+z)$

(3) $y'z + wxy' + wxz' + w'x'z'$

07 다음 식들을 논리합의 곱(POS)의 형태로 표현하라.

(1) $w'xy' + wx' + xy'z$

(2) $(x'y + z')w + w'x'(y' + z)$

08 다음 식들을 논리곱의 합(SOP)의 형태로 표현하라.

(1) $(w + x')(w + x' + y)$

(2) $(B' + C' + D)(A + C)$

09 다음 함수의 보수를 최소항의 합으로 표현하라.

(1) $F(w, x, y, z) = \sum m(1, \ 3, \ 6, \ 12, \ 13, \ 14)$

(2) $F(A, B, C) = \prod M(1, \ 3, \ 5, \ 7)$

10 다음 부울함수를 카노프 맵을 사용하여 표시하라.

(1) $F(w, x, y, z) = wx'y + wz' + x'y'$

(2) $F(x, y, z) = \sum m(0, \ 1, \ 4, \ 6, \ 7)$

(3) $F(a, b, c, d) = \prod M(0, \ 1, \ 3, \ 4, \ 5, \ 7, \ 10, \ 11, \ 12, \ 13)$

11 다음 함수를 합의 곱 형태로 간략화하라.

(1) $F(x, \ y \ , z) = \prod M(0, \ 1, \ 3, \ 5, \ 7)$

(2) $F(A \ , B \ , C \ , D) = \prod M(1, \ 2, \ 4, \ 5, \ 8, \ 10, \ 11)$

12 다음 각 부울 함수들을 SOP 형태로 간략화 하라.

(1) $AC + B(CD + AE)$

(2) $(A' + B)'(C + D' + E)$

13 다음 부울함수를 적의합 형태로 간소화된 식으로 표현하라.

(1) $a'b' + bc + a'bc'$　　　　　　　　　　(2) $x'y + yz' + y'z'$

14 다음과 같이 주어진 진리표에 대해서 아래 물음에 답하라.

a	b	c	F_1	F_2
0	0	0	0	1
0	0	1	1	0
0	1	0	0	0
0	1	1	0	1
1	0	0	1	0
1	0	1	1	1
1	1	0	0	1
1	1	1	0	1

(1) F_1과 F_2를 최대항의 곱으로 표현하라.

(2) 곱의 합 형태로 함수를 간략화하라.

(3) 합의 곱 형태로 함수를 간략화하라.

15 $F(A,B,C) = A' + BC$ 에 대한 정규형 SOP 표현하라.

16 아래의 부울 함수 표현에 대한 카노프 맵을 작성하고, 간략화하라.

$$F(w,x,y,z) = w'x'y' + wx'y' + x'yz' + w'xyz'$$

17. 맵 방법을 이용하여 다음 함수를 간략화 하라.

(1) $F(w,x,y) = \sum(1,\ 3,\ 7,\ 8)$

(2) $F(w,x,y,z) = \sum(1,\ 3,\ 7,\ 12,\ 13,\ 14)$

18 무정의 조건 d를 이용하여 다음 부울함수를 간략화 하라.

(1) $F(w,x,y) = \sum(0,\ 1,\ 2,\ 4,\ 5)$

   $d(w,x,y) = \sum(3,\ 6,\ 7)$

(2) $F(w,x,y,z) = \sum(1,\ 3,\ 5,\ 7,\ 9,\ 14)$

   $d(w,x,y,z) = \sum(2,\ 4,\ 6,\ 7,\ 13)$

19 부울 대수의 규칙과 법칙을 이용하여 아래의 부울대수를 간략화하고, 구현된 회로를 비교하여라.

$$F= xy + x(y+z) + y(y + z)$$

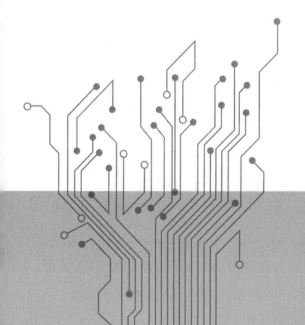

| 제5장 |

조합 논리회로

조합 논리 회로

디지털 시스템(digital system)은 조합 논리회로(combinational logic circuit)와 순서 논리회로(sequential logic circuit)로 나눌 수 있다. 조합 논리회로는 출력값이 임의의 시간에서 이전의 입력값(previous input value)과 관계없이 현재의 입력값(present input value)의 조합으로부터 직접 결정되는 논리회로이다.

조합 논리회로는 입력 변수(input variable), 논리 게이트(logic gate) 및 출력변수(output variable)로 구성된다. 논리 게이트는 입력으로부터 2진 정보를 받아 출력에서 게이트의 종류에 따라 서로 다른 2진 정보를 발생한다. 이때 입력신호는 2진 정보, 즉 논리 0(logic 0: low voltage)과 논리 1(logic 1: high voltage)로 표현된다. 그림 5-1은 조합 논리회로에 대한 블록도(block diagram)를 나타낸다.

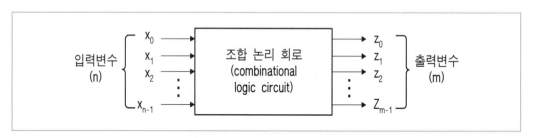

그림 5-1 조합 논리회로의 블록도

조합 논리회로는 n개의 2진 변수를 입력신호로 하여 m개의 출력신호를 얻을 수 있는 회로이다. 조합 논리회로의 입력변수를 n 개라 하면, 이때 입력변수에는 2^n개의 서로 다른 조합이 존재한다. 임의의 입력신호의 조합 $x_i(i=0, 1, \cdots, n-1)$가 조합 논리회로의 입력으로 인가되었다면, 일정한 시간이 경과된 후에 출력에는 출력신호 $z_k(k=0, 1, \cdots, m_{-1})$가 발생하게 된다. 즉, 가능한 n개의 입력변수에 대하여 출력에는 이에 대응하는 m개의 출력

변수가 나타나게 되므로 조합 노리회로에 대한 부울함수는 다음과 같이 표현할 수 있다.

$$z_k = F_i(x_0, \ x_1, \ x_2 \cdots, \ x_{n-1})$$

순서 논리회로는 출력값이 현재의 입력(current input) 신호와 이전의 입력(previous input) 상태에 의해서 결정된다. 따라서 순서 논리회로는 조합 논리회로와 귀환경로 (feedback path)로써 연결된 메모리 소자(memory device)로써 구성되며, 회로의 동작은 입력과 내부 상태의 시간 순서에 의하여 규정된다. 순서 논리회로에 대한 설계과정은 7장에서 다루기로 한다. 이 장에서는 조합 논리회로의 설계 및 분석에 대한 기본 개념을 설명하고, 다양한 MSI와 LSI 회로에 대한 조합 논리회로의 설계 예를 다룬다.

5-1 조합 논리회로의 설계 과정

조합회로의 설계 절차는 보통 다음의 4단계에 의해서 수행된다.

[단계 1] 주어진 문제의 분석과 변수의 정의

[단계 2] 진리표의 작성

[단계 3] 각 출력에 대한 부울함수의 유도 및 간략화

[단계 4] 논리회로의 구현

이 장에서는 위의 각 단계를 적용하여 반가산기의 설계 과정을 상세히 설명하기로 한다.

(1) 문제 분석과 변수의 정의

원하는 조합 논리회로를 얻기 위해서는 설계 초기 단계에서부터 해결하고자 하는 문제점을 정확히 파악하여야 한다. 설계하고자 하는 논리회로는 그림 5-1과 같이 다수의 입력과 출력을 갖는 블랙박스로 표현하여 설계를 시작한다. 이때 회로의 기능과 구현 방법 등을 고려하여 입력과 출력변수의 수를 결정한다.

변수의 수가 결정되면 각 변수에 대해서 1개 이상의 문자(대문자 또는 소문자)를 할당한다.

예를 들어, 다음과 같이 연산을 수행하는 문제가 주어졌을 경우에 대해서 생각해보자.

(1) 0+0=0   (2) 0+1=1   (3) 1+0=1   (4) 1+1=10

(1), (2), (3)의 세 가지 경우에 대한 연산 결과는 1비트로 구성되지만, (4)의 연산 결과는 2 비트로 구성된다. 이러한 연산을 수행하기 위해서는 피가수(augend)와 가수(addend)로 구성된 2 비트의 입력변수와 합과 자리올림수로 구성된 2 비트의 출력변수를 요구한다. 이때 2개의 입력변수를 기호 x와 y로 지정하고, 출력변수를 S(Sum)와 C(Carry)로 지정함으로써 단계 1은 완료된다.

(2) 진리표의 작성

변수의 수가 결정되면 각 변수를 이용하여 진리표를 작성하게 된다. 조합회로에 대한 진리표(truth table)는 입력열(input column)과 출력열(output column)로 되어 있다. 입력열에 있는 1과 0은 n개의 입력변수에 대한 2^n개의 서로 다른 2진 조합으로 구성된다. 그러므로 진리표는 2^n개의 입력신호의 조합들에 대한 m개의 출력신호 값들로 나열할 수 있다.

출력에 대한 2진 값은 주어진 문제를 검토함으로써 결정된다. 이때, 출력은 입력의 조합으로 1이나 0의 값을 가지며, 경우에 따라서는 0 또는 1의 값으로 정의되는 무 정의조건을 포함할 수도 있다.

회로의 입출력 관계를 나타내는 진리표를 부정확하게 작성하면 정해진 사양을 만족시킬 수 없는 조합회로를 만들게 되므로 정확한 진리표 작성이 중요하다.

이제 앞에서 설명한 4가지의 덧셈 연산의 입력과 출력 비트에 대해서 지정된 기호를 이용하면 반가산기의 기능을 정확히 표현할 수 있는 진리표(표 5-1)를 작성할 수 있다.

표 5-1 반가산기의 진리표

x	y	C	S
0	0	0	0
0	1	0	1
1	0	0	1
1	1	1	0

캐리(자리올림수) 출력 C는 2개의 입력비트가 동시에 1이면 1이 되고, 그렇지 않으면 0

이 된다. 합의 출력 S는 최하위 유의비트(least significant bit)에 표시된다.

(3) 부울함수의 유도 및 간략화

입출력 변수를 사용하여 진리표를 만든 후, 진리표로부터 각 출력에대하여 부울함수를 유도한다. 유도된 함수는 대수적 방법, 맵 방법 또는도표 방법들 중 한개의 방법을 선택하여 간략화를 행한다.

표 5-1의 진리표를 이용하여 그림 5-2와 같은 맵을 구성한다.

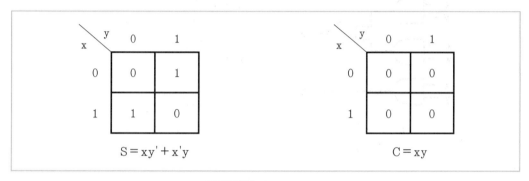

그림 5-2 반가산기의 맵

이 도표로부터 두 출력 S, C에 대한 간략화된 부울함수를 구할 수있다.

$$S = x'y + xy' \tag{5.1}$$
$$\quad = (x + y)(x' + y') \tag{5.2}$$
$$\quad = x \oplus y$$
$$C = xy$$

여기서 식 (5.1)은 곱의 합 형태로 되어 있으며, 식 (5.2)는 합의 곱 형태로 되어 있다.

(4) 논리회로의 구현

이러한 과정이 끝나면, 설계자는 부울함수로부터 각종 표준 논리 게이트(AND, OR, NOT 등)들의 상호 접속에 의해서 논리회로를 쉽게 구현할 수 있다. 지금까지 설명한 부울식을 이용하여 반가산기에 대한 회로를 논리도로 구현하면 그림 5-3과 같다.

그림 5-3(a)는 일반적인 형태의 반가산기 회로를 나타내며, 그림 5-3(b)와 4-3(c)는 각

각 곱의 합 형식과 합의 곱 형식으로 구현된 반가산기이다.

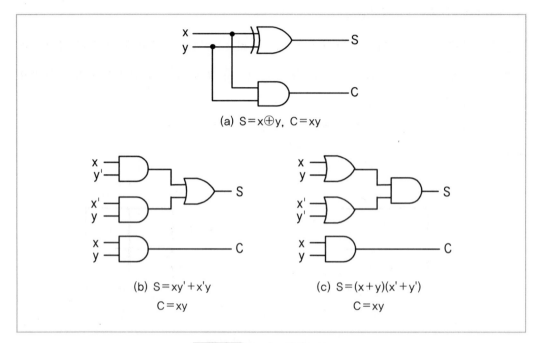

(a) S=x⊕y, C=xy

(b) S=xy'+x'y
　　C=xy

(c) S=(x+y)(x'+y')
　　C=xy

그림 5-3 다양한 반기산 회로

5-2 조합 논리회로의 분석 과정

　조합회로의 설계는 주어진 명세로부터 부울함수의 간략화를 거쳐 논리회로를 유도하게 된다. 이와는 달리 조합회로의 분석은 설계 순서와 반대로 진행된다. 즉, 주어진 논리도로부터 시작하여 부울함수와 진리표를 구하고, 그 회로 동작을 기술하면 된다.

　조합회로의 논리도로부터 출력 부울함수를 구하고 최종적으로 회로의 동작 기술을 얻기 위한 단계는 다음과 같다.

　[단계 1] 주입력(primary input)을 함수로 하는 모든 게이트의 출력에 임의의 기호를 붙이고, 각 게이트의 부울함수를 구한다.

　[단계 2] 임의의 기호를 입력으로 하는 각 게이트의 출력에 서로 다른 임의의 기호를 지

정하고, 각 게이트에 대한 부울함수를 구한다.

[단계 3] 주어진 회로의 주출력(primary output)을 얻을 때까지 단계 2를 반복한다.

[단계 4] 주입력만을 갖는 입력변수를 얻을 때까지 정의된 함수들을 대입하여 주출력에 대한 부울함수를 구한다.

[단계 5] 부울함수에 따라 진리표를 작성하고, 회로 동작을 분석한다.

예를 들어서 그림 5-4에 나타난 조합회로에 대해서 논리도로부터 부울 함수를 유도해 보자. 이 회로는 3개의 주입력(primary input) A, B, C와 2개의 주출력(primary output) F_1과 F_2를 가지고 있다.

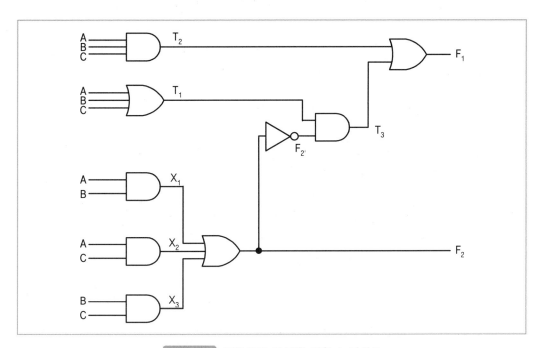

그림 5-4 조합회로 분석을 위한 논리회로

먼저 주입력의 함수인 게이트의 출력은 T_1, T_2, X_1, X_2, X_3이다. 이들출력에 대한 부울함수는 다음과 같다.

$$T_1 = A + B + C$$
$$T_2 = ABC$$
$$X_1 = AB$$
$$X_2 = AC$$
$$X_3 = BC$$

여기서 $F_2 = X_1 + X_2 + X_3$이므로 F_2를 구하면 다음과 같다.

$$F_2 = AB + AC + BC$$

다음에 이미 정의된 기호의 함수로 되어 있는 게이트 출력은 다음과 같다.

$$F_1 = T_3 + T_2$$
$$T_3 = F_2'T_1$$

출력 부울함수 F_1과 F_2를 얻기 위해서는 다음과 같다.

$$F_1 = T_3 + T_2 = F_2'T_1 + ABC$$
$$= (AB + AC + BC)'(A + B + C) + ABC$$
$$= (A' + B')(A' + C')(B' + C')(A + B + C) + ABC$$
$$= (A' + B'C')(AB' + BB' + B'C + AC' + BC' + CC') + ABC$$
$$= (A' + B'C')(AB' + B'C + AC' + BC') + ABC$$
$$= A'BC' + A'B'C + AB'C' + ABC$$

이 부울함수로부터 진리표를 유도하여 회로에 대한 기능을 검토할 수 있다. 진리표는 주출력 부울함수 F_1과 F_2를 이용하여 쉽게 작성할 수 있다. 이 예에서는 이 회로가 변수 A, B, C를 입력으로 하는 전가산기로서 F1은 합을 위한 출력이고, F_2는 캐리를 위한 출력임을 알 수 있다.

조합회로의 분석은 논리도로부터 진리표를 직접 얻을 수도 있다. 그림 5-4의 논리회로에서 입력변수는 A, B, C이므로 $8(2^3)$개의 가능한 조합을 구성하여 표 5-2와 같은 진리표를 만들 수 있다.

표 5-2 그림 5-4의 논리 회로에 대한 진리표

입 력			출 력					
A	B	C	F_2	F_2'	T_1	T_2	T_3	F_1
0	0	0	0	1	0	0	0	0
0	0	1	0	1	1	0	1	1
0	1	0	0	1	1	0	1	1
0	1	1	1	0	1	0	0	0
1	0	0	0	1	1	0	1	1
1	0	1	1	0	1	0	0	0
1	1	0	1	0	1	0	0	0
1	1	1	1	0	1	1	0	1

표 5-2의 진리표에서 F_2는 입력 A, B, C 중에서 임의의 조합 2개 또는 3개의 입력이 1과 같을 경우 1을 갖게 되며, F_2'는 F_2의 보수의 값을갖는다. T_1와 T_2에 대한 진리표는 각각 입력변수의 OR 및 AND 함수이다. T_3의 값은 T_1과 F_2'의 AND 함수이므로 이 두 변수가 1일 경우만 1이 된다. F_1은 T_2와 T_3에 대한 OR함수이다. 표 5-2의 진리표에서 F_1과 F_2는 각각 표 5-3에 나타난 전가산기의 S와 C에 대응하므로 그림 5-4의 논리회로는 전가산기와 동일하다는 것을 쉽게 알 수 있다.

5-3 조합회로의 설계 예

5-3-1 가산기

1+1의 연산 결과는 2 비트로 구성되므로 이때 최상위 유의비트(MSB: Most Significant Bit)인 1을 자리올림수(carry)라 한다. 이러한 연산은 2개의 비트를 입력으로 하여 출력을 얻을 수 있으므로 반가산기(HA: half-adder)를 이용하면 쉽게 구현할 수 있다.

이와 같이 가수와 피가수의 2개의 비트에 대해서 덧셈 연산을 수행하는 조합회로를 반가산기라 한다. 또한, 3개의 비트(2개의 유의비트와 1개의 입력 carry 비트)에 대해서 덧셈 연산을 수행하고 2개의 출력(sum과 carry)을 생성하는 조합회로를 전가산기(FA: full-adder)라 한다.

반가산기에 대한 설계는 이미 앞에서 설명했으므로 여기에서는 생략하기로 한다. 전가산기는 3개의 입력에 대해서 덧셈을 수행하고 2개의 출력을 형성하는 조합회로이다. 여기서 2개의 유의비트를 입력변수 x, y로 표현하고, 입력 캐리 비트(이전의 하위 유의위치(significant position)로부터 올라온 캐리 비트)를 z로 표현한다. 그리고 2개의 출력변수 중에서 S에는 합을 지정하고, C에는 캐리(최상위 유의비트)를 지정한다. 즉, 입력변수 x, y, z의 3 비트에 대해서 덧셈 연산을 수행하면 출력은 00 에서 11까지의 범위를 가지므로 2 비트의 출력을 지정하기 위해서 C와 S가 필요하다. 표 5-3는 전가산기에 대한 진리표를 나타낸다.

표 5-3 전가산기의 진리표

x	y	z	C	S
0	0	0	0	0
0	0	1	0	1
0	1	0	0	1
0	1	1	1	0
1	0	0	0	1
1	0	1	1	0
1	1	0	1	0
1	1	1	1	1

표 5-3에서 알 수 있듯이 입력변수는 3개이므로 가능한 입력변수의 조합은 8개($2n$)를 가지게 된다. 모든 입력비트가 0이면 출력 C와 S는 다같이 0이 되고, 출력 S는 1개의 입력만이 1이거나 3개의 입력 모두가 1을 가질 때 1이 된다. 출력 C는 2개 이상의 입력비트가 1일 때 1이 된다.

두 출력 S, C에 대한 간략화된 부울함수를 얻기 위해서 표 5-3의 진리표로부터 그림 5-5와 같은 S와 C에 대한 맵을 구성한다.

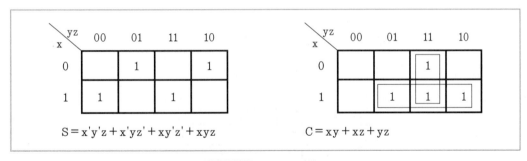

$$S = x'y'z + x'yz' + xy'z' + xyz$$

$$C = xy + xz + yz$$

그림 5-5 전가산기의 맵

그림 5-5의 각 맵은 8개의 가능한 입력조합을 가지므로 8개의 사각형을 가지게 된다. S와 C의 맵에 대한 네모꼴에 있는 1들은 직접 진리표로부터 얻을 수 있다. 이 맵으로부터 S에 대한 간략화된 부울식을 아래와 같이 유도할 수 있다.

$$
\begin{aligned}
S &= x'y'z + x'yz' + xy'z' + xyz \\
&= z'(xy' + x'y) + z(xx' + xy + x'y' + yy') \\
&= z'(xy' + x'y) + z(x'y + xy')' \\
&= z'(x \oplus y) + z(x \oplus y)' \\
&= z \oplus (x \oplus y)
\end{aligned}
$$

또한, C에 대한 간략화된 부울식은 아래와 같다.

$$
\begin{aligned}
C &= xz + yz + xy \\
&= x'yz + xy'z + xy \\
&= z(x'y + xy') + xy \\
&= z(x \oplus y) + xy
\end{aligned}
$$

따라서 S와 C에 대한 부울식을 이용하여 전가산기를 구현하면 그림 5-6과 같은 논리도를 얻을 수 있다.

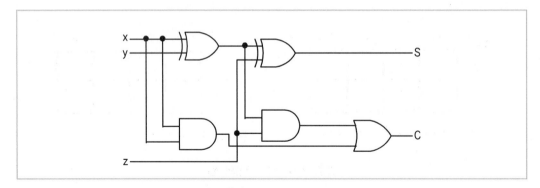

그림 5-6 전가산기의 논리도

5-3-2 병렬 가감산기

병렬 가산기는 n개의 전가산기를 사용하며 A, B의 모든 비트를 동시에 입력으로 인가하여 연산을 수행한다. 한 개의 전가산기로부터 나온 출력 캐리는 다음 단의 전가산기의 입력 캐리로 인가된다. 병렬 가산기는 각 비트마다 전가산기를 설치하여 모든 비트를 병렬로 연산하는 회로이다. 따라서 n 비트 2진 병렬 가산기를 구현하기 위해서는 n개의 전가산기가 필요하게 된다.

그림 5-7은 4개의 전가산기로 구성된 4비트 병렬 가산기(parallel adder)를 나타낸다. 피가수 A와 가수 B의 모든 비트들이 동시에 입력되며 전가산기의 출력 캐리는 바로 왼쪽 전가산기의 입력으로 인가된다. 이 회로에서 연산 결과인 합의 비트는 출력 S에 나타난다. 또한, C_0는 FA_1의 입력 캐리이며, C_4는 FA_4의 출력 캐리이다.

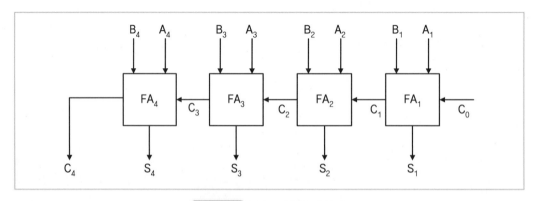

그림 5-7 4비트 병렬 가산기

병렬 가감산기는 하나의 2진 가산기를 이용하여 가산과 감산을 동시에 수행할 수 있는 회로이다. 2진수의 감산은 감수에 대해서 2의 보수를 취하여 피감수와 더하면 된다. 그림 5-8은 각 전가산기에 Exclusive-OR (EX-OR)회로를 연결하여 구성된 4 비트 가감산기를 나타낸다.

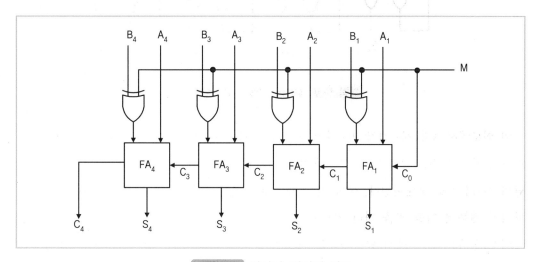

그림 5-8 가산기-감산기 회로

2진수의 감산은 인버터를 이용하여 감수에 대한 1의 보수를 만들고, 입력 캐리를 통하여 1을 더하면 된다. 가산과 감산을 위한 연산을 수행하기 위하여 모드 입력 M을 이용한다. $M=0$이면 이 회로는 가산기로서 동작하고, $M=1$이면 감산기로서 동작한다. 즉, M이 0이면, EX-OR의 출력은 B가 되므로 FA의 입력은 $A+B+0(C_0=0)$이 되어 가산기로서 동작하게 된다.

한편, $M=1$일 경우에는 EX-OR의 출력은 B'가 되므로 FA의 입력은 $A+B'+1(C_0=1)$이 되므로 감산기로서 동작하게 된다.

5-3-3 리플 캐리 가산기

리플 캐리 가산기(ripple carry adder)는 4개의 전가산기를 직렬로 연결하여 덧셈 연산을 수행하는 회로이다. 여기에 사용된 전가산기는 그림 5-9와 같이 3개의 AND 게이트와 OR 및 EX-OR 게이트가 2단계(two-level)로 구성되어 있다.

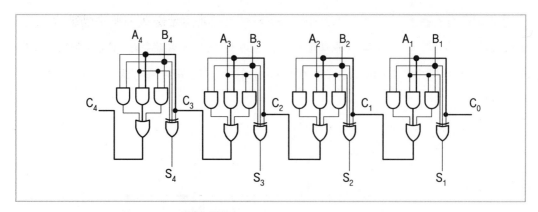

그림 5-9 4비트 리플 캐리 가산기

이 회로에서 A와 B는 각각 피가수와 가수를 나타내며, C는 캐리를 나타낸다. 첫단의 전가산기의 C_0와 C_4는 각각 입력 캐리와 출력 캐리를 나타내며, $C_n(n=0, 1, 2, 3, 4)$은 다음단의 전가산기로 보내어진다. 이와 같이 캐리가 전가산기의 오른쪽 단에서 왼쪽 단으로 전파되기 때문에 이를 리플 캐리 가산기라 한다.

이 가산기는 각 단에서 만들어지는 캐리들에 따라 총지연 시간은 변화할 수 있으므로 합 $S_n(n=1, 2, 3, 4)$을 구하는 시간은 캐리 비트의 유무에 의해서 결정된다. 만약, 두 수가 더해지고 두 단 사이에 캐리가 없다면 합의 출력을 얻는 데 필요한 가산 시간은 단 한 개의 전가산기를 통하는 전파 시간과 동일하다. 그러나, n 비트의 가산기가 각 단에서 모두 캐리를 갖고 있다면 캐리 비트가 가산기를 통과하는 데 걸리는 최대 전파 지연 시간(propagation delay time)은 $2n \cdot Dt$가 된다. 여기서 Dt는 AND와 OR게이트에 대한 지연 시간을 나타낸다. 리플 캐리 가산기는 비교적 적은 게이트로서 가산 회로를 실현할 수 있으므로 시스템을 값싸게 구현할 수가 있으나 가산 속도가 느린 단점을 가지고 있다.

5-3-4 앞보기 캐리를 가진 가산기

앞에서도 설명한 것처럼 리플 캐리 가산기에 필요한 합의 출력을 얻는 필요한 시간은 전가산기의 모든 단을 통하여 캐리의 전파에 요구되는 시간에 의해 제한된다. 이 캐리의 전파지연을 제거함으로써 가산기의 연산 속도를 향상시키기 위해서 설계된 가산기를 앞보기 캐리를 가진 가산기(look-ahead carry adder)라 한다.

이 방법은 전가산기가 갖고 있는 함수인 캐리 발생(carry generate)과 캐리 전파(carry propagate)를 사용하고 있다. 여기에서 캐리 발생 함수를 Gi라 하고, 캐리 전파를 Pi라 정의한다(그림 5-10).

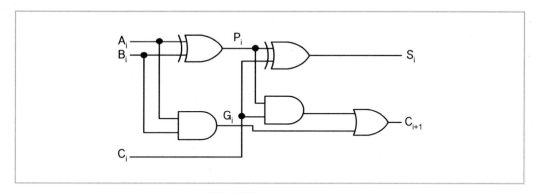

그림 5-10 전가산기 회로

함수 G_i는 출력 캐리가 전가산기에 의해서 발생하며, 캐리는 두 입력비트 A와 B가 1일 때만 생성된다. 이를 위한 조건은 다음과 같다.

$$G_i = A_i B_i (i = 0, 1, 2, \cdots, n-1)$$

입력 캐리가 전파되는 조건은 두 입력 비트가 1이 되거나 입력 중 1개의 비트가 1인 경우가 되므로 조건은 다음과 같다.

$$P_i = A_i \oplus B_i$$

이때 합 S_i와 캐리 C_i는 각각 식 (5.3)과 (5.4) 같이 표시된다.

$$S_i = P_i \oplus C_i \tag{5.3}$$
$$C_{i+1} = G_i + P_i C_i \tag{5.4}$$

만약 앞보기 캐리를 가진 3 비트 전가산기를 구현할 경우(전가산기의 각 단을 FA_1, FA_2, FA_3로 표시함) 전가산기의 첫단(FA_1)에 대한 출력캐리를 캐리발생 항(term)과 캐리 전파 항으로 표현하면 식 (5.5)와 같은 관계식을 얻을 수 있다.

$$C_1 = G_0 + P_0 C_0 \qquad\qquad (5.5)$$

식 (5.5)에서 알 수 있듯이 FA_1의 출력 캐리 C_1이 1이 되는 조건은 캐리 발생 G_0가 1이거나 캐리 전파 P_0와 입력 캐리 C_0가 모두 1인 경우이다.

식 (5.4)를 이용하여 i=1 인 경우 가산기 FA_2의 출력 캐리를 구하면 식 (5.6)와 같은 관계식을 얻을 수 있다.

$$
\begin{aligned}
C_2 &= G_1 + P_1 C_1 \\
&= G_1 + P_1(G_0 + P_0 C_0) \\
&= G_1 + P_1 G_0 + P_1 P_0 C_0 \qquad\qquad (5.6)
\end{aligned}
$$

동일한 방법으로 i=2인 경우 FA_3의 출력 캐리를 구하면 식 (5.7)와같다.

$$
\begin{aligned}
C_3 &= G_2 + P_2 C_2 \\
&= G_2 + P_2(G_1 + P_1 G_0 + P_1 P_0 C_0) \\
&= G_2 + P_2 G_1 + P_2 P_1 G_0 + P_2 P_1 P_0 C_0 \qquad\qquad (5.7)
\end{aligned}
$$

식 (5.7)에서 알 수 있듯이 C_3는 C_1과 C_2가 동시에 생성 되므로 전파를 위해서 C_1과 C_2를 기다릴 필요가 없다.

그림 5-11은 C_1, C_2, C_3를 구현한 앞보기 캐리 생성기(look ahead carry generator)를 나타낸다.

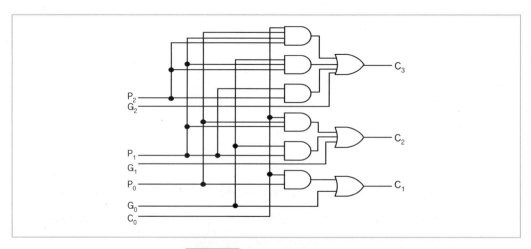

그림 5-11 앞보기 캐리 생성기

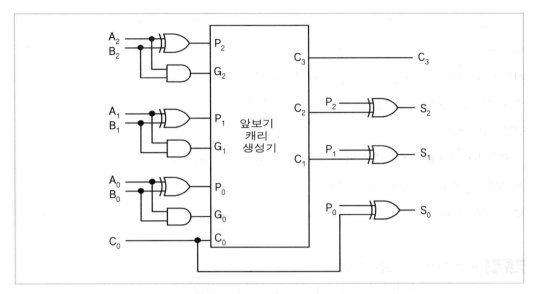

그림 5-12 3 비트 앞보기 캐리 가산기

그림 5-11과 함께 구성된 3 비트 앞보기 캐리 가산기는 그림 5-12와 같다. 첫번째 레벨 EX-OR와 AND 게이트는 각각 P_i 변수와 G_i 변수를만들어 낸다.

이를 일반화시키면 C_i를 구하는 관계식은 식 (5.8)과 같다.

$$C_{i+1} = G_i + P_iG_{i-1} + P_iP_{i-1}G_{i-2} + P_iP_{i-1}P_{i-2}G_{i-3} + \cdots$$
$$+ P_iP_{i-1}P_{i-2}\cdots P_1G_0 + P_iP_{i-1}P_{i-2}\cdots P_1P_0C_0 \qquad (5.8)$$

식 (5.8)의 각각은 곱의 합(SOP) 형태로 되어 있으므로 2단계 회로를 이용하여 모든 출력 캐리를 생성할 수 있다. 그러므로 모든 출력 캐리는 단지 2개의 게이트 레벨에 대해서 지연을 가진 후에 생성되며, 추가되는 비트의 수와 무관하게 된다.

5-3-5 BCD 가산기

디지털 컴퓨터는 2진수에 대해서만 산술 연산이 가능하므로 십진수 연산을 수행하기 위해서는 먼저 십진수의 입력을 2진수로 바꾸어 연산을 행한 다음 다시 그 결과를 십진수로 변환하여 출력을 만들어야 한다. 이와 같은 방법으로 십진수의 덧셈 연산을 수행하는 산술 연산회로를 BCD(Binary-Coded Decimal number) 가산기라 한다.

BCD로 두 개의 십진수에 대해서 덧셈을 수행할 경우, 입력은 9를 넘을 수 없으므로 출력은 9+9+1보다 클 수 없다. 여기서 1은 입력 캐리를 나타낸다. BCD 형태의 두수를 4비트 2진 가산기로 입력시킬 경우 가산기의 합은 표 5-4와 같이 2진수로 표시되며, 그 값의 범위는 0~19가 된다. 표 5-4에서 K는 출력 캐리이며 Z_8, Z_4, Z_2, Z_1은 병렬 가산기의 합을 나타낸다.

예를 들어 8+6의 연산에서 BCD 코드된 이 두 수가 4비트 병렬 가산기의 입력으로 인가될 경우, 출력값은 1110(14)이 된다. 이 값은 BCD 코드의 형태가 아닌 단순한 2진수의 형태를 갖게 된다.

표 5-4 BCD 가산기에 대한 진리표

2진 합					보정된 BCD 합					10진수
K	Z_8	Z_4	Z_2	Z_1	C	S_8	S_4	S_2	S_1	S_1
0	0	0	0	0	0	0	0	0	0	0
0	0	0	0	1	0	0	0	0	1	1
0	0	0	1	0	0	0	0	1	0	2
0	0	0	1	1	0	0	0	1	1	3
0	0	1	0	0	0	0	1	0	0	4
0	0	1	0	1	0	0	1	0	1	5
0	0	1	1	0	0	0	1	1	0	6
0	0	1	1	1	0	0	1	1	1	7
0	1	0	0	0	0	1	0	0	0	8
0	1	0	0	1	0	1	0	0	1	9
0	1	0	1	0	1	0	0	0	0	10
0	1	0	1	1	1	0	0	0	1	11
0	1	1	0	0	1	0	0	1	0	12
0	1	1	0	1	1	0	0	1	1	13
0	1	1	1	0	1	0	1	0	0	14
0	1	1	1	1	1	0	1	0	1	15
1	0	0	0	0	1	0	1	1	0	16
1	0	0	0	1	1	0	1	1	1	17
1	0	0	1	0	1	1	0	0	0	18
1	0	0	1	1	1	1	0	0	1	19

그러므로 10진수 9보다 큰 2진 합(binary sum)이 2진 가산기의 출력에 나타나면 정확한 BCD값을 얻기 위해서 이 출력값을 보정(correction) 해주어야 한다. BCD 가산기에 사용되는 일반적인 보정 방법은 출력값이 9를 초과할 경우에는 2진 합에 십진수 6(0110)을 더하는 것이다. 이러한 예를 설명하면 다음과 같다.

		BCD
십진수		1000
8		+ 0110
+ 6		1110 부정확함
14		+ 0110 6을 더함
		0001 0100 14(BCD)

보정된(corrected) BCD 합은 표 5-4에 나타내었다. 이 표에서 알 수있듯이 보정된 BCD 합 1001보다 작거나 같은 2진수의 합은 BCD의 합과 동일하다. 그러나 1001보다 큰 2진수의 합은 BCD코드의 합보다 0110(6)이 더 적으므로 2진수의 합에 0110을 더해야만 정확한 BCD 합을 얻을 수 있다. BCD 합으로 변환을 위한 보정회로는 표 5-4로부터 구할 수 있다. 2 진수의 합이 $K=1$일 경우에 보정이 필요하다. 그리고 보정이 필요한 1010 부터 1111 까지의 수는 Z_8 값이 1이다. 역시 Z_8의 값이 1인 1000과 1001을 그 수들과 구별하기 위해서 Z_4와 Z_2의 값을 고려한다. 즉, 2진수의 합이 각각 $Z_8=1$, $Z_4=1$인 경우와 $Z_8=1$, $Z_2=1$일 때 보정이 필요하다. 따라서 보정 및 출력 캐리를 위한 부울함수는 다음과 같이 유도할 수 있다.

$$C = K + Z_8 Z_4 + Z_8 Z_2 \qquad\qquad (5.9)$$

2개의 4비트 2진 가산기와 보정회로 (식) (5.9)의 부울함수를 논리회로로 구현한 회로] 에 의해서 구성된 BCD 가산기의 블럭도는 그림 5-13과 같다.

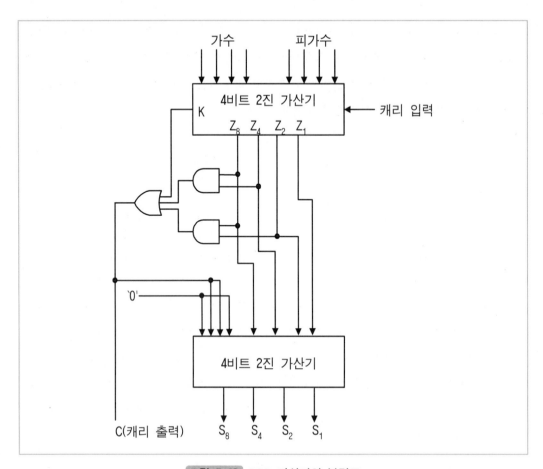

가수   피가수

4비트 2진 가산기

캐리 입력

K

Z_8 Z_4 Z_2 Z_1

'0'

4비트 2진 가산기

C(캐리 출력) S_8 S_4 S_2 S_1

그림 5-13 BCD 가산기의 블럭도

이 그림에서 알 수 있듯이 2진수의 합에서 출력캐리(C)가 없을 때는 어떤 값도 더해지지 않고 상단의 4비트 병렬 가산기에 발생된 출력이 그대로 하단의 병렬 가산기를 통해 출력된다. 그러나 상단의 병렬 가산기에서 캐리가 발생할 때는 하단의 병렬 가산기에서 0110을 더하여 정확한 BCD 출력을 얻을 수 있다.

5-3-6 디코더와 인코더

디지털 시스템에서 정보는 0과 1로 구성된 2진 코드로 표현된다. n 비트의 2진 코드는 2^n개까지의 코드화된 정보를 나타낼 수 있다. 디코더(decoder)는 2진수를 다른 등가의 10진수로 변환하는 회로이다. 따라서 디코더는 코드화된 n 비트의 2진수를 입력으로 하여 최대 2^n 비트로 구성된 정보를 출력할 수 있다.

인코더(encoder)는 10진수와 같이 코드화되지 않은 정보를 입력 변수로 하여 이를 부호화하여 출력으로 내보내는 조합회로이다. 따라서 인코더는 2^n개 비트로 구성된 정보를 받아서 n비트의 2진수로 바꿔주는 회로라 할 수 있다. 만약, 2진 코드가 n비트라면 코드화된 정보는 2^n개까지 표시할 수 있다.

(1) 디코더

디지털 시스템에서의 정보는 이산적인 2진 코드(discrete binary code)로 표현되므로 n비트의 2진 코드는 2^n개의 서로 다른 정보를 나타낼 수 있다. n*m(또는 n*2^n)디코더는 n개의 입력선으로부터의 2진 정보를 m개의 출력선으로 변환하는 회로이며, m과 n은 m≤2^n인 조건을 갖는다.

디코더의 기본적인 특성은 서로 배타적(mutually exclusive)이라 할 수 있다. 왜냐하면, 주어진 입력 조합(input combination)에 대해서 단지 한 개의 출력만이 1을 갖기 때문이다. 그러므로 디코더는 각각의 입력조합에 대해서 유일한(unique) 출력 코드를 생성한다.

그림 5-14(a)는 n*m 디코더에 대한 블럭도를 나타낸다. 서로 다른 2진 입력정보를 디코드하기 위하여 각 출력함수(output function)는 다음과 같이 정의된다.

$$D_i = m_i$$

여기서 m_i는 n개의 입력 변수(input variable)에 대한 i번째 최소항(the ith minterm)을 나타낸다. D=1이 되기 위한 필요 충분 조건은 m_i에 대응하는 2진 조합이 입력선에 나타나야 하며, 다른 출력은 모두 0이 되어야 한다. 그러므로 이 디코더는 n개의 변수에 대해서 첫번째의 최소항(m)을 만들어 낸다. 만약 m=2^n이면 이 디코더는 n개의 변수에 대한모든 최소항을 만들어 낸다.

또한 2진 입력 정보는 다음과 같이 정의된 각 출력 함수에 의해서 디코드가 가능하게 된다.

$$D_i = M_i$$

여기서 M_i는 n개의 입력 변수에 대한 제 i의 최대항(ith maxterm)을 나타낸다. 이 경우에 있어서 D=0이 되기 위한 필요 충분조건은 M_i에 대응하는 2진 조합이 입력선에 나타나야 하며, 다른 출력은 모두 1이 되어야 한다. 이러한 디코드의 블럭도는 그림 5-14(b)와 같다.

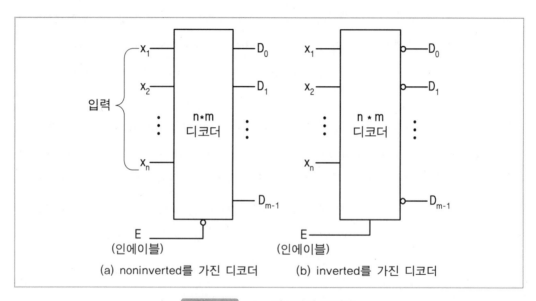

(a) noninverted를 가진 디코더   (b) inverted를 가진 디코더

그림 5-14 n*m 디코더의 블럭도

출력선에 나타난 조그만 원은 디코더가 최대항의 생성을 의미한다(active-LOW outputs). 상용 디코더는 일반적으로 회로의 동작을 제어하기 위하여 enable(E) 입력을 가진다. 그림 5-14(a)와 (b)는 각각 E=0와 E=1일 때 디코더가 동작하게 된다.

그림 5-15는 3*8 디코더는 3개의 입력 변수에 대해서 8개의 모든 최소항을 만들어 낸다.

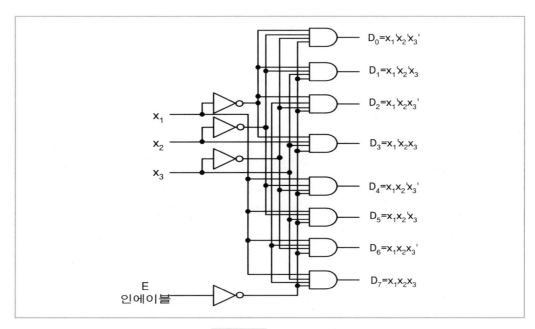

D_0=x_1'x_2'x_3'
D_1=x_1'x_2'x_3
D_2=x_1'x_2x_3'
D_3=x_1'x_2x_3
D_4=x_1x_2'x_3'
D_5=x_1x_2'x_3
D_6=x_1x_2x_3'
D_7=x_1x_2x_3

x_1

x_2

x_3

E
인에이블

그림 5-15 3*8 디코더

입력 변수의 각 비트 조합에 대해서 8개의 출력선중의 한 개가 반드시 1을 가지고 있다. $E=1$이면 이 회로는 disable되어 모든 출력은 0이 된다. $E=0$이면 디코더는 enable되며, 세 개의 입력에 대해서 여덟 개의 출력을 생성하는 디코더의 진리표는 표 5-5와 같다.

표 5-5 3*8 디코더의 진리표

입 력			출 력							
x_1	x_2	x_3	D_0	D_1	D_2	D_3	D_4	D_5	D_6	D_7
0	0	0	1	0	0	0	0	0	0	0
0	0	1	0	1	0	0	0	0	0	0
0	1	0	0	0	1	0	0	0	0	0
0	1	1	0	0	0	1	0	0	0	0
1	0	0	0	0	0	0	1	0	0	0
1	0	1	0	0	0	0	0	1	0	0
1	1	0	0	0	0	0	0	0	1	0
1	1	1	0	0	0	0	0	0	0	1

표 5-5의 각 출력은 3개의 입력 변수에 대해서 8개의 최소항들 중 하나를 가지며 오직 하나의 출력만이 1이 된다. 예를 들어서 $D_0(D_0 = x_1'x_2'x_3')$가 1이면, 나머지 출력 $D_n(n=1,$ 2, ···, 7)은 0이 되고, $D_7(D_7 = x_1x_2x_3)$가 1이면, 출력 $D_n(n=0, 2, ···, 6)$은 0이 된다.

따라서 디코더는 n개의 2진 입력 변수들에 대하여 2^n개의 서로 다른 최소항을 출력하는 회로가 된다.

만약, 그림 5-15에 있는 AND 게이트를 NAND 대치한다면, 각 출력은 보수(complement)가 되므로 최대항을 얻을 수 있다. 이때 enable 입력에 있는 inverter는 제거되어야 한다.

일반적으로 n*m 디코더는 n개의 인버터와 m개의 n-입력(n-input) 디코딩 게이트가 요구된다. 만약 $m < 2^n$이면 n-입력보다 적은 게이트를가지고 회로를 설계할 수 있다.

[예제 5-1] BCD 코드를 10진수로 바꾸는 BCD-10진 디코더를 설계 하여라.

풀이 이 회로의 입력은 BCD 코드로 표현된 10개의 10진 정수이다. 4개의 입력 변수는 16개의 조합을 구성할 수 있으므로 6개(십진수 10에서 15까지)의 무정의 조건이 존재하게 된다.

이러한 디코더는 BCD에 대응하는 10진수의 출력이 0~9까지 10개이므로 각 출력당 1개씩 모두 10개의 맵을 구성해야 한다. BCD-10진 디코더를 간단히 구성하기 위한 카노프 맵은 그림 5-16과 같다.

x_1x_2 \ x_3x_4	00	01	11	10
00	D_0	D_1	D_3	D_2
01	D_4	D_5	D_7	D_6
11	X	X	X	X
10	D_8	D_9	X	X

그림 5-16 BCD-10진 디코더의 노프 맵

여기서 D_0, D_1, $\cdots$, D_9는 출력 변수이며, X는 무정의 조건을 나타낸다. 이때 설계자는 무정의 조건을 어떻게 처리할 것인가를 결정해야 한다.

각 출력 함수를 최소화 하기 위한 경우라면 각 출력 함수는 다음과 같은 식으로 표현된다.

$$D_0 = x_1'x_2'x_3'x_4'$$
$$D_1 = x_1'x_2'x_3'x_4$$
$$D_2 = x_2'x_3x_4'$$
$$D_3 = x_2'x_3x_4$$
$$D_4 = x_2x_3'x_4'$$
$$D_5 = x_2x_3'x_4$$
$$D_6 = x_2x_3x_4'$$
$$D_7 = x_2x_3x_4$$
$$D_8 = x_1x_4'$$
$$D_9 = x_1x_4$$

이 식을 이용하여 BCD-10진 디코더를 설계하면 그림 5-17과 같은 논리 회로도를 얻을 수 있다.

이 회로에서 알 수 있듯이 10개의 AND 게이트 중에서 단지 두 개의 게이트만이 4개의 입력을 요구한다. 여분 항(redundancy term)들과 최소항들을 함께 결합하면 AND 게이트의 입력수는 감소되지만, 이러한 리던던시 항들로 인해 입력에 따라서 오류를 가진 출력이 발생될 수도 있다. 잘못된 출력의 발생을 방지하기 위해서 유효하지 못한 입력 조합(invalid input combination)이 발생하면 카노프 맵의 X를 모두 0으로 할당하여 회로를 재설계하여야 한다.

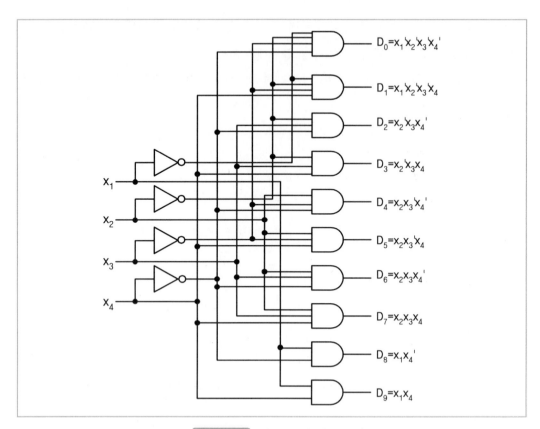

$D_0 = x_1'x_2'x_3'x_4'$

$D_1 = x_1'x_2'x_3'x_4$

$D_2 = x_2'x_3x_4'$

$D_3 = x_2'x_3x_4$

$D_4 = x_2x_3'x_4'$

$D_5 = x_2x_3'x_4$

$D_6 = x_2x_3x_4'$

$D_7 = x_2x_3x_4$

$D_8 = x_1x_4'$

$D_9 = x_1x_4$

그림 5-17 BCD-10진 디코더

[예제 5-2] 두개의 3*8 디코더를 이용하여 4*16 디코더를 구성하여라.

풀이 그림 5-18은 두 개의 3*8 디코더로 구성된 4*16 디코더를 나타낸다. 입력 변수는 x_1, x_2, x_3, x_4이며, x_1이 MSB가 된다. $x_1 = 0$이면 하위 디코더는 disable되어 x_1, x_2, x_3, x_4의 비트 조합은 0000에서 0111까지의 범위를 가지므로 출력 D_0, D_1, …, D_7의 주소를 결정할 수 있다. 이 경우, 상위 디코더가 enable된다. 그러나 $x_1 = 1$이면 상위 디코더가 disable되어 하위 디코더가 enable되므로 비트 조합은 1000에서 1111까지의 범위를 가진다. 따라서 D_8, D_9, …, D_{15}의 주소를 결정할 수 있다.

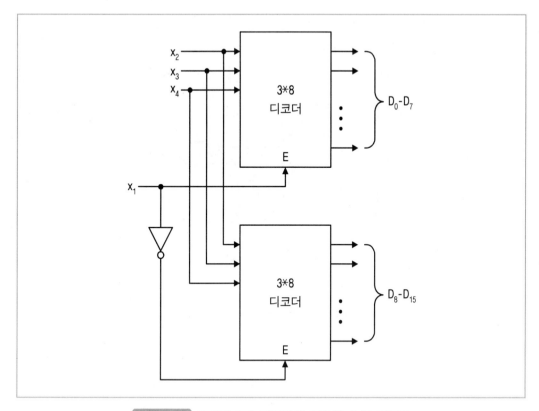

그림 5-18 두개의 3*8 디코더를 이용한 4*16 디코더

디코더는 n개의 입력 변수에 대해서 2^n개의 서로 다른 출력(최소항)이 생성된다. 부울함수는 최소항의 합(sum of minterm)으로 표현되므로 $n*2^n$ 디코더와 m개의 OR게이트를 이용하여 n개의 입력과 m개의 출력을 갖는 조합 회로를 구성할 수 있다.

[예제 5-3] 한 개의 디코더와 2개의 OR 게이트를 사용하여 전가산기 회로를 설계하여라.

풀이 최소항의 합의 함수를 갖는 전가산기 회로는 다음과 같은 2개의 출력 함수를 갖는다.

$$S(x,y,z) = \sum(1,\ 2,\ 4,\ 7)$$
$$C(x,y,z) = \sum(3,\ 5,\ 6,\ 7)$$

이 함수는 3개의 입력 변수와 2^3개의 최소항을 가지므로 3*8 디코더를 사용하여 전가산기를 구성할 수 있다. 먼저 위의 함수는 디코더를 이용하여 8개의 최소항을 만들고, 이 OR

게이트를 사용하여 최소항의 합을 구해서 회로를 구현하면 된다. 그림 5-19는 디코더를 이용한 전가산기의 구현을 나타낸다.

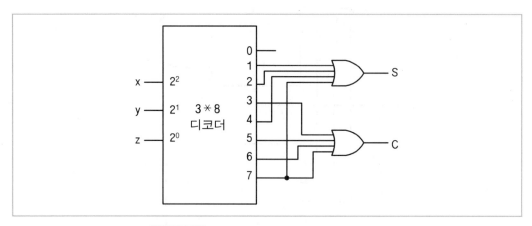

그림 5-19 디코더를 이용한 전가산기의 설계

그림 5-19에서 합의 출력 S에 대한 OR 게이트는 4개의 최소항(1, 2, 4, 7)의 합으로 이루어지며, 캐리 출력 C는 최소항 3, 5, 6, 7의 합으로 구성된다.

디코더를 이용하여 많은 수의 최소항으로 표시되는 함수를 설계하려면 다중입력 (multiple-input) OR 게이트가 요구된다. 만약 임의의 함수 F가 k개의 최소항으로 구성되었다고 가정하면, F의 보수인 F'는 $2^n - k$ 개의 최소항으로 나타낼 수 있다. 이때 $k > 2^n/2$ 이면 F'는 F보다 적은 최소항으로 구성이 가능하다. 따라서 F'의 최소항을 NOR 게이트로 구현하는 편이 유리하게 된다.

(2) 인코더

인코더는 디코더와 반대 기능을 가지는 조합 회로이다. 인코더는 m개의 입력과 n개의 출력을 가지며, m과 n은 $m \leq 2^n$인 조건을 갖는다. 출력은 m개의 입력 변수에 대한 2진 코드를 생성한다. 이때 입력들은 서로 배타적이다. 즉, 열 개의 입력 변수들 중 단지 한 개의 입력만이 1이 되어야 한다.

만약, 어떤 인코더가 8개의 입력선과 3개의 출력선을 갖는다고 가정하면 표 5-6과 같은 진리표를 작성할 수 있다.

표 5-6 8*3 인코더의 진리표

입력								출력		
D_0	D_1	D_2	D_3	D_4	D_5	D_6	D_7	x	y	z
1	0	0	0	0	0	0	0	0	0	0
0	1	0	0	0	0	0	0	0	0	1
0	0	1	0	0	0	0	0	0	1	0
0	0	0	1	0	0	0	0	0	1	1
0	0	0	0	1	0	0	0	1	0	0
0	0	0	0	0	1	0	0	1	0	1
0	0	0	0	0	0	1	0	1	1	0
0	0	0	0	0	0	0	1	1	1	1

표 5-6에서 알 수 있듯이 3개의 출력은 8개의 서로 다른 수를 나타내는 8개의 입력과 대응하는 비트를 가지고 있다. 출력 함수 x는 입력 변수 D_4, D_5, D_6 그리고 D_7에 대해서는 1을 갖는다. 또한 출력 함수 y는 D_2, D_3, D_6, D_7에 대해서는 1이며, z는 D_1, D_3, D_5, D_7에 대해서 1을 갖는다. 따라서 출력함수 x, y, z는 다음과 같은 식으로 표현할 수 있다.

$$x = D_4 + D_5 + D_6 + D_7$$
$$y = D_2 + D_3 + D_6 + D_7$$
$$z = D_1 + D_3 + D_5 + D_7$$

이러한 출력 함수를 이용하면 x, y, z을 출력선으로 하고 3개의 OR 게이트로 구성된 인코더의 논리도를 그릴 수 있다. 8*3 인코더는 그림 5-20과 같다.

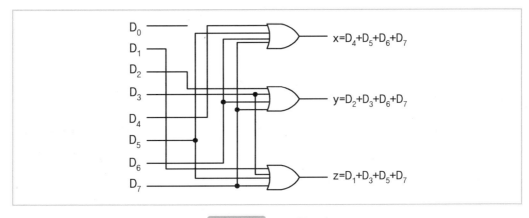

그림 5-20 8*3 인코더

8*3 인코더는 모든 입력이 0일 때 출력이 모두 0인 값을 만들어 내야한다. 그러나 표 5-6에서 알 수 있듯이 D_0가 1일 때만 출력이 모두 0인 값을 얻게 된다. 이러한 문제점은 어떤 입력 조건에서도 동작하지 않는다는 것을 표시하기 위하여 한 개의 출력을 추가함으로써 해결할 수 있다.

지금까지는 어느 시점에서 단지 한 개의 입력만이 존재할 때 인코더의설계에 대해서 살펴보았다. 그러나 8개의 입력 중에서 두 개 이상의 입력이 동시에 1이 될 경우도 발생할 수 있다. 예를 들어 표 5-7에서 D_3와 D_6이 동시에 1을 갖을 경우 출력 함수 x, y, z는 1의 값을 가지게 된다. 이것은 D_3나 D_6로 나타낼 수 없으며, 이때 입력은 D7으로 잘못 해석할 수 있다. 이러한 문제점은 첨자가 큰 것에 우선 순위(priority)를 두어 한 입력선만 선택하게 함으로써 해결할 수 있다. 즉, D_3와 D_6가 동시에 1이 되었을 때 우선 순위는 D_3보다 D_6가 높으므로 이 경우의 출력은 110이 된다. 이와 같이 우선 순위 함수를 고려한 인코더를 우선 순위 인코더(priority encoder)라 한다.

> **[예제 5-4]** 표 5-7의 진리표를 사용하여 우선 순위 인코더를 설계하여라. 단, x는 무정의 조건으로서 0 또는 1을 나타낸다.

표 5-7 4*2 우선 순위 인코더의 진리표

D_0	D_1	D_2	D_3	x	y	V
0	0	0	0	X	X	0
1	0	0	0	0	0	1
X	1	0	0	0	1	1
X	X	1	0	1	0	1
X	X	X	1	1	1	1

풀이 표 5-7에서는 D_3($D_3=1$)가 우선 순위가 가장 높기 때문에 다른 입력값(D_0, D_1, D_2)은 무시되고 출력 x, y는 공히 1이 된다. 한편 유효 출력 지시기(valid-output indicator)인 V는 입력값들이 1일 경우만 1을 가지며, 입력값이 0일 경우는 두 출력 x, y는 사용할 수 없음을 나타낸다.

표 5-7에 대한 카노프 맵은 그림 5-21에 나타내었으며, 이 맵으로부터 얻어진 간략화된 부울함수에 의해서 그림 5-22와 같은 4*3 우선 순위 인코더를 얻을 수 있다.

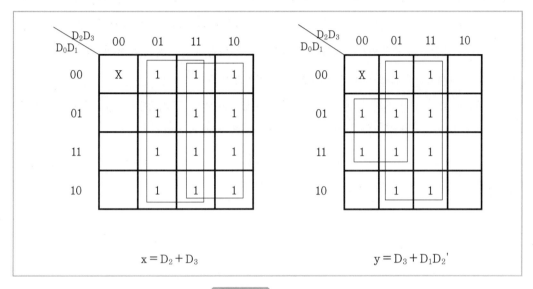

$$x = D_2 + D_3$$

$$y = D_3 + D_1 D_2{'}$$

그림 5-21 카노프 맵

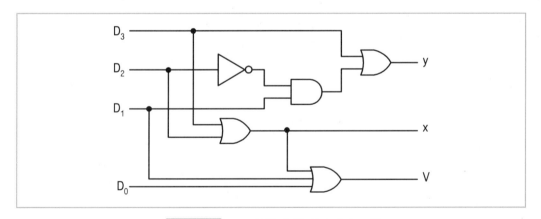

그림 5-22 4*2 우선 순위 인코더의 구현

5-3-7 크기 비교기

크기 비교기(comparator)는 두 수를 비교하여 한 수가 다른 수에 비하여 더 큰지, 작은 지, 또는 같은지를 결정하는 조합회로이다. 즉, A와 B의 두 양수를 상대적으로 크기를 비교하여, 수행 결과를 A〉B, A＝B, 아니면 A〈B인지를 나타내게 된다. 그런데 A, B가 n비트로 구성되었을 경우 이 회로는 진리표상에서 2^{2n}개의 행을 갖게 되므로, 비트 수 n이 커지게 되면 회로 구성은 상당히 복잡하게 된다. 여기에서는 두 개의 양수 A, B를 입력 변수로 하여 출력에서 두 수의 상대적 크기를 비교하기 위한 크기 비교기에 대해서 알아본다. 우선, 4비트를 갖는 두 개의 양수 A와 B에 대해서 생각해 보자. 여기서 A와 B는 각각 비트 스트링(bit string) $A_3A_2A_1A_0$과 $B_3B_2B_1B_0$을 나타낸다.

두 수의 크기를 결정하기 위해서 $A_3=B_3$, $A_2=B_2$, $A_1=B_1$ 그리고 $A_0=B_0$를 동시에 만족하면 두 개의 수는 같게 되고, 그렇지 않으면 다른 경우가 된다.

이때 $A_i=B_i$(단, i＝0, 1, 2, 3)인 경우는 Ai와 Bi가 동일한 비트값을 갖는 경우이므로 i번째 비트값은 식 (5.9)와 같이 표현할 수 있다.

$$x_i = A_iB_i + A_i{}'B_i{}'$$
$$\quad = A_i \odot B_i \qquad\qquad\qquad (5.9)$$

여기서 $\odot$는 Exclusive-NOR를 나타낸다. A＝B가 1이 되기 위해서는 x_i＝1이 되어야 하며, 이를 위한 조건은 $A_i=B_i$가 1이거나 $A_i=B_i$가 0이 되는 경우이다. 따라서 두 수 A＝B 경우의 관계식은 식 (5.10)과 같이 표현할 수 있다.

$$E = x_3 \cdot x_2 \cdot x_1 \cdot x_0 \qquad\qquad\qquad (5.10)$$

여기서 E는 A＝B를 나타낸다. A〉B와 A〈B의 결정은 최상위 비트(MSB: Most Significant Bit)로부터 차례로 두 개의 비트 A, B를 비교하면 된다. 즉, $A_3>B_3$이면 $A_2A_1A_0$와 $B_2B_1B_0$에 관계없이 A〉B의 조건을 만족하게 되고, $A_3<B_3$이면 A〈B의 조건을 만족하게 된다. 만약, A_3와 B_3가 같으면($A_3=B_3$) 그 다음 낮은 자릿수의 비트 쌍을 비교(A_2와 B_2)하면 된다. 만약, 이 비트 쌍이 같을 경우는 비트 쌍이 서로 같지 않을 때까지 비교를 계속하면 된다. 예를 들어 A_3＝0이고 B_3＝1일 경우에는 $A_3<B_3$ 이되므로 A〈B가 된다. 두 수 A, B에 대해서 A〉B 인 경우는 식 (5.11)과 같은 논리 함수로 표현할 수 있다.

$$G = A_3B_3{}' + x_3A_2B_2{}' + x_3x_2A_1B_1{}' + x_3x_2x_1A_0B_0{}' \qquad\qquad (5.11)$$

여기서 G는 A>B를 나타낸다. 비슷한 방법으로 A<B 인 경우는 식(5.12)와 같은 논리 함수로 표현할 수 있다.

$$L = A_3'B_3 + x_3A_2'B_2 + x_3x_2A_1'B_1 + x_3x_2x_1A_0'B_0 \qquad (5.12)$$

여기서 L은 A<B를 나타낸다. 위의 두 식에서 G와 L로 표시되는 출력값은 각각 A>B 또는 A<B인 경우 1이 된다. 식 (5.10), (5.11), (5.12)의 함수 E, G, L을 이용하여 4비트 크기 비교기를 구현하면 그림 5-23과 같다.

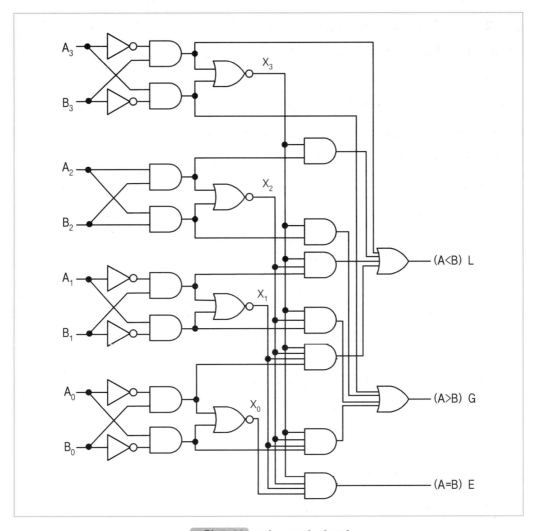

그림 5-23 4비트 크기 비교기

5-3-8 멀티플렉서와 디멀티플렉서

멀티플렉서(MUX: multiplexer)는 여러 개의 입력선들 중에서 하나를 선택하여 단일 출력선으로 연결하는 조합 회로이다. 디멀티플렉서(demultiplexer)는 이와는 반대로 하나의 입력선으로부터 정보를 받아 여러 개의 출력 단자 중 하나의 출력선으로 정보를 출력하는 회로이다.

(1) 멀티플렉서

다수의 입력 정보를 소수의 신호선(signal line) 혹은 채널(channel)을 이용하여 전송하는 기법을 멀티플랙싱(multiplexing)이라 한다. 2^n*1 멀티플렉서는 2^n 입력 중에서 하나의 2진 정보를 선택하여 단일 출력선으로 연결하는 회로이다 이러한 이유로 인하여 멀티플렉서를 데이터 선택기(data selector)라 한다. 멀티플렉서는 2^n의 입력선도, n개의 선택선(select line), 그리고 한 개의 출력선을 가지며, 입력선의 선택은 선택선의 값에 따라 결정된다. 즉, 많은 입력 정보 중에서 하나를 선택하기 위해서 선택선이 사용되며, 선택선이 n개이면 멀티플렉서의 입력수는 최대 2^n개를 갖는다.

그림 5-24는 4*1 MUX를 나타낸다.

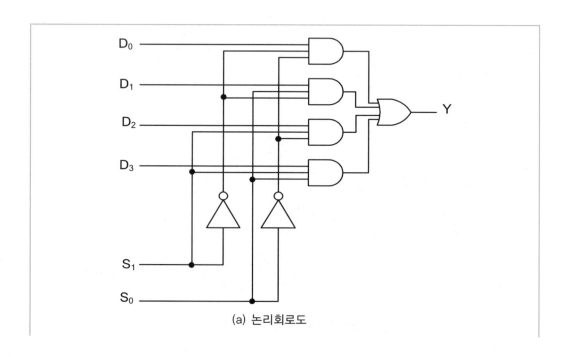

(a) 논리회로도

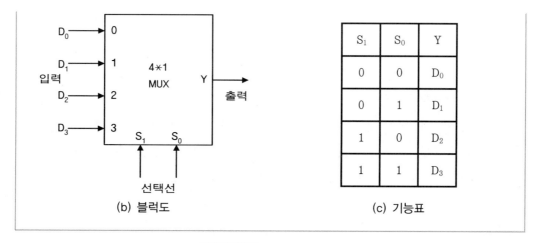

S_1	S_0	Y
0	0	D_0
0	1	D_1
1	0	D_2
1	1	D_3

(b) 블럭도   (c) 기능표

그림 5-24 4*1 멀티플렉서

4개의 입력선 D_0, D_1, D_2, D_3는 각각 4개의 AND 게이트로 입력으로연결되어 있으며, 선택선은 특정한 게이트를 선택하는 데 이용된다. 따라서 선택선 S_1, S_0에 의해서 4개의 입력 중에서 한 개가 선택되고 선택된 AND 게이트는 OR 게이트의 입력으로 인가되므로 원하는 출력을얻을 수 있다. 예를 들어, $S_1S_0 = 11$이면 D_3가 선택되어 선택된 D_3가 출력 Y에 나타나게 된다. 이와 같은 회로의 동작 예는 그림 5-24(c)의 기능표에 나타나 있다.

16*1 멀티플렉서의 경우도 비슷하다. 만약 선택선의 비트 조합(bit combination)이 $S_3S_2S_1S_0 = 1110$이면, 입력선 D_{14}가 선택되고, 이 데이터는 출력 Y로 연결된다. 그림 5-24로부터 4*1 MUX는 다음 식과 같이 완전한 출력 함수를 얻을 수 있다.

$$F = S_1'S_0'D_0 + S_1'S_0D_1 + S_1S_0'D_2 + S_1S_0D_3$$

비슷한 방법으로 8*1 MUX는 다음과 같은 출력 함수를 얻을 수 있다.

$$F = S_2'S_1'S_0'D_0 + S_2'S_1'S_0D_1 + S_2'S_1S_0'D_2 + S_2'S_1S_0D_3 + S_2S_1'S_0'D_4$$
$$+ S_2S_1'S_0D_5 + S_2S_1S_0'D_6 + S_2S_1S_0D_7$$

일반적으로 2^n*1 MUX의 출력은 다음과 같이 표시할 수 있다.

$$\sum_{k=0}^{2^n-1} m_k D_k$$

여기서 m_k는 변수 S_{n-1}, S_{n-2}, $\cdots$, S_1, S_0에 대한 k번째 최소항(the kth minterm)을 나타낸다. 8*1 MUX의 논리 회로도는 그림 5-25과 같다. 상용 MUX는 보통 회로 동작을 제어하기 위해서 enable(E) 또는 strobe와 같은 추가 입력선이 필요하다. E=1이면 출력은 disable되고, E=0이면 회로는 MUX와 동일한 기능을 갖는다.

MUX는 일반적인 논리 모듈(universal logic module)로서 사용할 수 있다. 즉, 2^n*1 MUX를 이용하여 n+1 또는 그 보다 적은 변수로서 부울함수를 구현할 수 있다.

만약 부울함수가 n+1개의 변수를 가졌다면 n개의 변수는 MUX의 선택선으로 사용해야 하며, 나머지 한 개의 변수는 MUX의 입력으로 사용하면 된다.

여기서 나머지 한 개의 변수를 A라 하면 MUX의 입력들은 A, A', 0, 1이 된다. MUX를 이용하여 부울함수를 구현하기 위한 한 가지 예가 [예제 5-5]에 나타나 있다.

[예제 5-5] MUX를 이용하여 아래에 주어진 함수의 블록도를 설계하라.

$F(A,B,C) = \sum(1,\ 3,\ 5,\ 6)$ (5.13)

풀이 이 함수는 3개의 변수를 가지므로 2^{3-1}*1 MUX로 이 함수를 구현할 수 있다. 즉, 3개의 변수를 가진 함수에 대해서 $2^2=4$가 되어 4*1의 MUX로 구현이 가능하다. 만약, 4개의 변수인 경우에는 $2^3=8$이 되어 8*1의 MUX로써 구현이 가능하다.

함수를 구현하기 위해서 첫번째 단계는 식 (5.13)을 이용하여 진리표(그림 5-25 (b))를 작성한다. 이 진리표는 세 개의 변수를 가지고 있으며, n개의 변수(B와 C)는 선택선으로 사용한다고 가정한다. 이때 B는 s_1에, C는 s_2에 연결한다.

다음에는 구현표를 작성한 후, 이 구현표를 이용하여 최종적으로 함수를 구현하면 된다. 이때 구현표는 다음과 같은 방법으로 작성한다.

① 구현표의 상단에는 MUX의 입력신호 D_0, D_1, D_2, D_3를 순서적으로 열거한다.

② 그 밑에는 모든 최소항을 2행(row)으로 나열한다. 즉, 첫째 행에는 A가 보수화된 모든 최소항을, 둘째 행에는 보수화 되지않은 A를 가진 모든 최소항(10 진수)을 기입한다(그림 5-25 (c)).

③ F=1인 모든 최소항에 대해서 ○(circle)를 표시한다. MUX의 입력단자를 결정하기 위하여 다음과 같은 규칙을 적용한다.

    ⓐ 한 열에 있는 2개의 최소항에 원이 그려져 있지 않으면 대응하는 MUX의 입력으로 0을 인가한다.

    ⓑ 한 열에 있는 2개의 최소항에 원이 그려져 있으면 대응하는 MUX의 입력으로 1을 인가한다.

    ⓒ 한 열의 위쪽의 항(top minterm)에 원이 그려져 있고, 아래쪽의 항에는 원이 그려져 있지 않으면 입력변수의 보수(A')를 대응하는 MUX의 입력으로 인가한다.

    ⓓ 한 열의 위쪽의 항(top minterm)에 원이 그려져 있지 않고, 아래쪽의 항에는 원이 그려져 있으면 입력 변수(A)를 대응하는 MUX의 입력으로 인가한다.

이와 같은 규칙을 구현표에 적용하면 그림 5-25(c)와 같은 구현표를얻을 수 있다. 그리고 이 구현표에 의해서 식 (5.13)의 함수를 4*1 MUX로 구현할 수 있다(그림 5-25(a)).

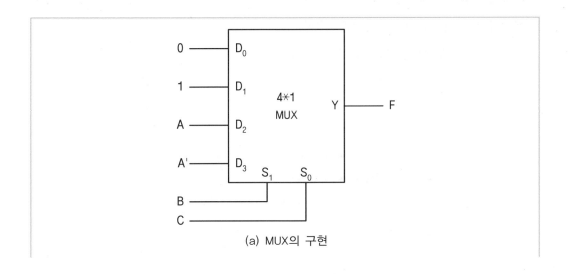

(a) MUX의 구현

최소항	A	B	C	F
0	0	0	0	0
1	0	0	1	1
2	0	1	0	0
3	0	1	1	1
4	1	0	0	0
5	1	0	1	1
6	1	1	0	1
7	1	1	1	0

(b) 진리표

	D_0	D_1	D_2	D_3
A'	0	1	2	3
A	4	5	6	7
	0	1	A	A'

(c) 구현표

그림 5-25 MUX에 의한 식 (5.13)의 실현

(2) 디멀티플렉서

디멀티플렉서(DeMUX: demultiplexer)는 멀티플렉서와 반대의 기능을가지는 회로이며, 데이터 분배기(data distributor)라고도 한다. 디멀티플렉서는 하나의 입력선으로부터 정보를 받아 2^n개의 가능한 출력선 중의하나로 정보를 출력하며, 이때의 출력 정보는 n개의 선택선에 의해서 제어된다.

디코더는 회로의 동작을 제어하기 위해 한 개 이상의 인에이블 입력을 가지고 있으며, 인에 이블을 가진 디코더는 디멀티플렉서로서 사용할 수 있다.

그림 5-26은 인에이블 입력을 가진 NAND 게이트로 구성된 2*4 디코더를 나타낸다.

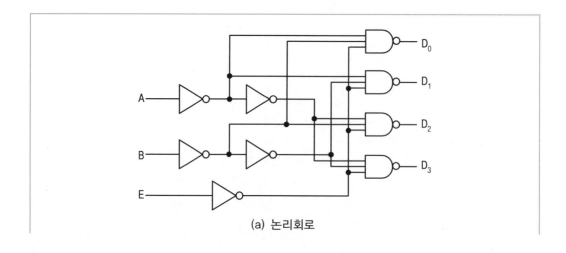

(a) 논리회로

E	A	B	D_0	D_1	D_2	D_3
1	X	X	1	1	1	1
0	0	0	0	1	1	1
0	0	1	1	0	1	1
0	1	0	1	1	0	1
0	1	1	1	1	1	0

(b) 진리표

그림 5-26 인에이블 입력을 가진 2*4 디코더

만약, 인에이블(E)이 1이면, 디코더의 모든 출력은 입력 A와 B의 값에 관계없이 1이 된다. E가 0이면, 이 회로는 보수화된 출력을 갖는 디코더로서 동작하게 된다. 그림 5-27(b)의 진리표는 이 디코더에 대한 입출력 관계를 나타낸다. 이 디코더는 단지 E=0일 때만 동작하며, 출력은 0의 상태에 있을 때만 선택된다. 이 진리표에서 X는 무정의 조건을 나타낸다. 그림 5-26의 디코더에 대한 블럭도는 그림 5-27(a)와 같으며, 이 디코더는 E=0일 때 보수로 표현된 출력을 생성한다.

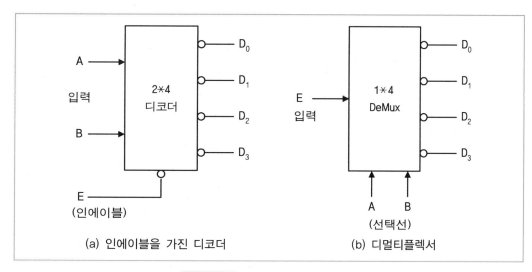

그림 5-27 디코더와 디멀티플렉서

그림 5-27(a)의 디코더에서 인에이블선으로 사용된 E를 정보 입력선으로 취하고 A와 B를 선택선으로 취하면 이 디코더는 그림 5-27(b)와 같이 디멀티플렉서의 기능을 갖는 회로로 사용할 수 있다.

예를 들어, 선택선 AB=01이면, 그림 5-27(b)의 진리표로부터 출력 D_1에서는 입력 E와 동일한 값(0)을 얻을 수 있다. 이때 다른 모든 출력들은 1의 값을 가진다. 이와 같이 인에이블 입력을 가진 디코더는 디멀티플렉서와 동작이 동일하므로 이러한 디코더를 디코더/디멀티플렉서(decoder/demultiplexer)라 한다.

5-3-9 승산기

두 개의 2진수의 곱셈은 한꺼번에 곱비트(product bit)를 형성하는 조합 회로에 의해서 구성할 수 있다. 배열 승산기를 이용한 곱셈 회로는 많은 게이트 수가 필요하지만, 비교적 빠른 시간 내에 연산을 수행할 수 있다. 그림 5-28은 2비트의 곱셈 연산을 수행하기 위한 배열 승산기(array multiplier)를 나타낸다.

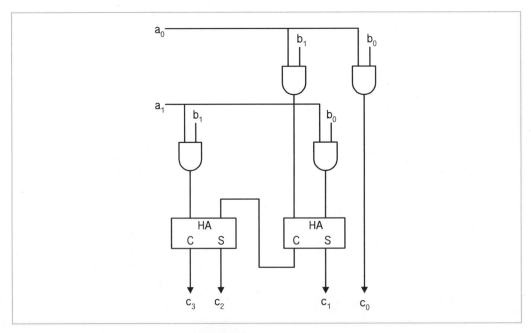

그림 5-27 2*2 배열 승산기

여기에서 승수(multiplier)의 비트는 b_1b_0이고, 피승수(multiplicant)의 비트는 a_1a_0, 그리고 결과 비트는 $c_3c_2c_1c_0$로 표시한다. 이 2비트에 대한 곱셈은 다음과 같은 방법으로 수행된다.

$$
\begin{array}{ccccc}
 & & b_1 & b_0 \\
 & & a_1 & a_0 \\
\hline
 & & a_0b_1 & a_0b_0 \\
 & a_1b_1 & a_1b_0 & \\
\hline
c_3 & c_2 & c_1 & c_0 \\
\end{array}
$$

처음 발생하는 부분 곱(partial product)은 b_1b_0에 a_0를 곱하면 얻을 수 있다. 만약, 두 비트 모두가 1이면 결과가 1이고, 그렇지 않으면 0이 되므로 이러한 관계는 AND게이트에 의해서 실현이 가능하다. 두번째 발생하는 부분곱은 b_1b_0에 대해서 a_1을 곱하고 이를 처음의 부분곱에 더하면 된다. 따라서 이 경우는 두 개의 AND게이트와 두 개의 반가산기를 사용하면 된다. 만약, 더 많은 부분곱이 존재한다면 두 비트와 이전의 캐리(previous carry)를 더해야 하므로 승수의 비트 수와 비례하는 여러 단계의 AND게이트가 필요하다.

예를 들어, 승수가 j 비트이고, 피승수가 k 비트이면, j+k 개의 곱을얻기 위해서는 j*k 개의 AND게이트와 (j−1)개의 k 비트가 필요하게 된다.

5-3-10 패리티 검사

두 디지털 시스템 간에 2진 정보를 전송할 때 외부 잡음이 들어가면 1이 0으로 또는 0이 1로 변화하여 오류(error)가 발생할 수 있다. 전송 오류를 탐지하기 위해서는 송신측(transmitter)에서 송신하고자 하는 2진 정보에 패리티 발생기에 의해서 생성된 패리티 비트(parity bit)를 추가하여 송신하고, 수신측(receiver)에서는 패리티 검사기에 의하여 수신된 2진 정보의 비트열을 검사하여 패리티 비트가 올바른가를 검사해야한다. 이와 같이 송신측에서 전송한 데이터가 수신측에서 정확히 전달되었는지를 검사하는 것을 패리티 검사(parity check)라고 한다.

패리티의 발생기 및 검사기는 Exclusive-OR(EX-OR) 회로에 의해서 구현할 수 있다.

(1) 패리티 발생기(parity generator)

송신측에서 패리티 비트를 만들어내는 회로를 패리티 발생기라 하며, 패리티에는 짝수 (even) 패리티와 홀수(odd) 패리티가 있다.

짝수 패리티는 전송하고자 하는 2진 데이터에 포함되어 있는 비트 1의 갯수 전체가 짝수가 되도록 패리티 비트를 추가하는 것이며, 홀수 패리티는 비트 1의 갯수 전체가 홀수가 되도록 패리티 비트를 추가하는 것이다.

예를 들어 x, y, z의 3개의 데이터 비트와 홀수 패리티 비트(P)를 전송하는 경우, 패리티 발생기는 x, y, z의 입력값에 따라서 P의 값을 만들어 낸다. 즉, 송신측에서는 홀수 패리티를 사용하므로 4비트 전체에 대해서 1의 갯수를 홀수로 만든다. 표 5-8은 3비트의 입력변수 x, y, z로 하고 패리티 비트를 P로 하여 작성한 홀수 패리티 발생기에 대한 진리표를 나타낸다.

표 5-8 홀수 패리티 발생기의 진리표

x	y	z	P
0	0	0	1
0	0	1	0
0	1	0	0
0	1	1	1
1	0	0	0
1	0	1	1
1	1	0	1
1	1	1	0

표 5-8에서 2진 데이터 3비트는 2^3(8) 가지 경우가 발생하며, 각각에대하여 1의 갯수가 홀수가 되도록 패리티 비트를 추가하고 있다. 예를 들어 전송 데이터 x, y, z가 각각 110일 경우, 전체를 홀수로 만들기 위해서 P에는 1을 추가하고 있다.

그림 5-29는 표 5-8의 진리표로부터 얻은 카노프 맵을 나타낸다.

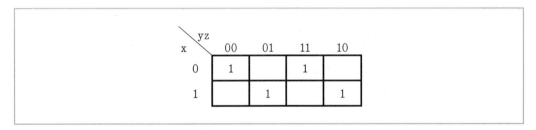

그림 5-29 표 5-8의 카노프 맵

최소항의 합으로 되어 있는 출력함수 P를 부울식으로 나타내면 식 (5.14)과 같다.

$$P = x'y'z' + x'yz + xy'z + xyz'$$
$$= x'(y'z' + yz) + x(y'z + yz')$$

여기서 $X = y'z' + yz$라 하면 $X' = y'z + yz'$이 되므로 P는 다음과 같이 쓸 수 있다.

$$P = x'X + xX'$$
$$= x \oplus (y'z' + yz)$$
$$= x \oplus y \odot z = x \odot y \oplus z \qquad (5.14)$$

함수 P를 이용하여 패리티 발생기에 대한 논리 회로를 그리면 그림 5-30과 같다.

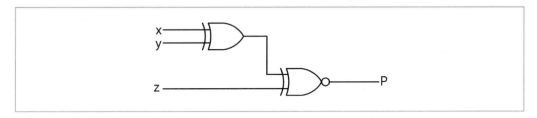

그림 5-30 홀수 패리티 발생기

(2) 패리티 검사기

수신측에서 수신된 4개의 비트(x, y, z의 데이터 비트와 패리티 비트P)를 검사하여 홀수 패리티를 갖는지 여부를 판정하게 된다. 입력 변수 x, y, z, P와 출력 변수 C와의 상관 관계를 진리표로 나타내면 표 5-9와 같다.

표 5-9 홀수 패리티 검사기의 진리표

전송된 비트				패리티 오류 검사
x	y	z	P	C
0	0	0	0	1
0	0	0	1	0
0	0	1	0	0
0	0	1	1	1
0	1	0	0	0
0	1	0	1	1
0	1	1	0	1
0	1	1	1	0
1	0	0	0	0
1	0	0	1	1
1	0	1	0	1
1	0	1	1	0
1	1	0	0	1
1	1	0	1	0
1	1	1	0	0
1	1	1	1	1

표 5-9의 진리표에서 패리티 오류 검사 C가 0이면 홀수 패리티를 나타내므로 오류가 발생하지 않은 것을 의미하며, C가 1이면 오류가 발생했다는 것을 나타낸다.

어떤 비트에서 오류가 발생했다는 것을 의미하므로 C=1이 된다. 패리티 발생기와 비슷한 방법으로 표 5-9의 진리표로부터 카노프 맵을 유도하여 부울함수를 구하면 다음과 같은 식을 얻을 수 있다.

$$C = x \odot y \odot z \odot P$$

함수 C로부터 패리티 검사기에 대한 논리 회로를 그리면 그림 5-31와 같다.

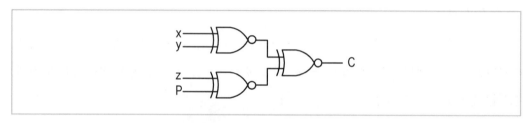

그림 5-31 홀수 패리티 검사기

지금까지 설계한 송신측에서 사용하는 패리티 발생기와 수신측에 오류 검출을 위한 패리티 검사기가 결합하면 그림 5-32와 같다. 패리티 검사기의 출력이 패리티 발생기의 출력과 같으면 전송 중에 오류가 발생하지 않음을 나타낸다. 만약 출력이 다르게 나타나면 전송 오류가 발생했다는 것을 알 수 있다.

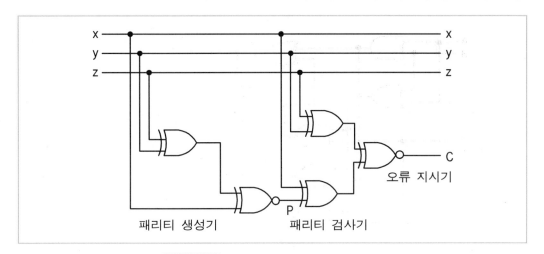

그림 5-32 패리티 발생기와 검사기의 결합

연습문제

01 2개의 반가산기와 OR 게이트를 사용하여 전가산기를 설계하라.

02 다음 회로를 분석하여 출력 F_1과 F_2에 대한 부울 함수를 유도하라.

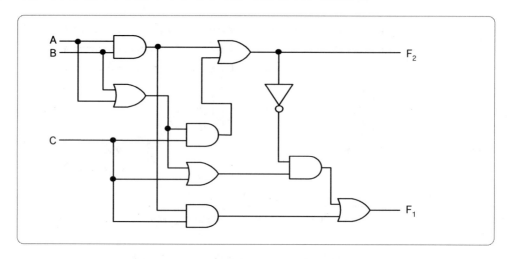

03 4비트 앞보기 캐리를 가진 가산기를 구현하기 위한 앞보기 캐리생성기의 논리식을 유도하라.

04 BCD 가산기에서 사용하는 보정회로에 대해서 설명하라.

05 2×4 디코더와 외부 게이트를 사용해서 다음에 정의된 두 함수 F_1과 F_2를 조합 회로를 구현하라.

$$F_1(x, y) = \sum m(0, \ 3)$$
$$F_2(x, y) = \sum m(1, \ 2, \ 3)$$

06 멀티플렉서를 이용하여 전가산기를 구현하라.

07 인에이블 입력과 공통 선택선을 가지는 두 개의 4×1 MUX를 이용하여 8×1 MUX를 설계하라.

08 NOR 게이트를 이용하여 2*4 디코더와 1*4 디멀티플렉에서 대한 논리도를 그려라.

09 두 개의 4비트 가산기와 AND 게이트를 이용하여 4*3 배열 승산시(array multiplier)를 구현하라.

10 짝수와 홀수 패리티 비트를 이용해서 3비트 패리티 발생기와 4비트 패리티 검사기를 설계하라.

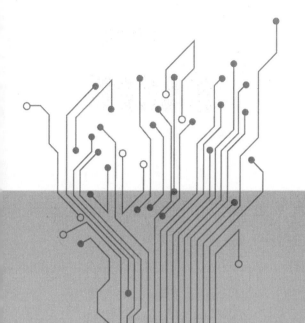

| 제6장 |

플립플롭

플립플롭

순서회로는 조합회로 부분과 기억소자 부분으로 구성되어 있는데, 이때 기억소자는 보통 래치(latch)나 플립플롭(FF: flip-flop)을 사용한다.

이러한 기억소자는 서로 비슷한 특성을 가지고 있지만, 그들의 상태를 변화시키는 방법에 있어서 차이가 있다. 래치는 클럭 입력과 관계없이 외부 입력이 변화할 때 상태가 변화한다. 이때 새로운 출력값은 단지 게이트의 전파지연 시간만큼 지연된다. 이러한 특성을 투명 특성(transparency property)이라 한다. 이에 반해서 플립플롭은 클럭 신호에 의해서 출력 상태가 변화하기 때문에 투명 특성을 가지고 있지 않다. 일반적으로 동기회로에 있어서 메모리 부분은 플립플롭을, 비동기 회로의 메모리 부분은 래치에 의해서 구현된다.

이 장에서는 2가지 형태의 클럭 펄스와 래치를 이용한 다양한 형태의 플립플롭에 대해서 설명한다.

6-1 클럭 펄스

클럭 펄스는 일반적으로 그림 6-1과 같이 직사각형의 펄스열(rectangular pulse train)이나 구형파(square wave)이다. 클럭을 시스템에 인가할 경우 시스템의 출력은 단지 클럭의 전이에서 상태를 변화시킨다.

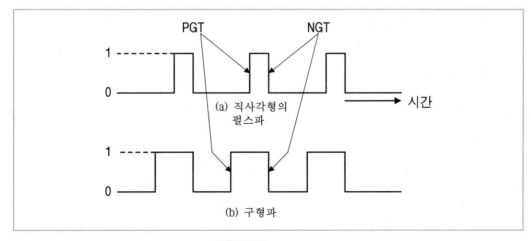

(a) 직사각형의
펄스파

시간

(b) 구형파

그림 6-1 클럭 펄스

 클럭 신호의 전이를 그림 6-2에 나타내었다. 클럭이 0에서 1로 변할 때의 전이를 양의 전이(PGT: positive-going transition)라 하고, 클럭이 1에서 0으로 변화할 때의 전이를 음의 전이(NGT: negative-going transition)라 한다. 클럭 신호의 동기 행위(synchronizing action)는 clocked flip-flop을 사용하면 성취되고, 이 플립플롭은 PGT나 NGT에서 동작하는 클럭을 가질 수 있다.

 그림 6-2는 CP(clock pulse)가 PGT 및 NGT에서 동작하는 플립플롭에 대한 예를 나타낸다.

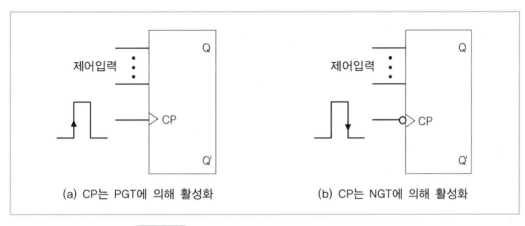

(a) CP는 PGT에 의해 활성화   (b) CP는 NGT에 의해 활성화

그림 6-2 두 가지 형태의 클럭을 사용한 플립플롭

6-2 래치와 플립플롭

6-2-1 SR 래치

래치와 플립플롭의 가장 큰 차이점이 바로 클럭에 동기화를 시켜주느냐에 달려있는 것이다. 플립플롭의 경우는 입력되는 신호가 출력 Q가 되는 조건이 CP(클럭 신호)가 0->1의 순간 (PGT에 의한 활성화) 혹은 1->0의 순간(NGT에 의한 활성화)에만 입력 신호 D를 인정하고 출력이 바뀌게 된다. 그 외에 입력 신호 D자체의 변화는 무시하는 특성을 가진다.

래치는 1비트의 2진 데이터를 저장하는 회로이며, SR래치는 두 개의 NOR게이트와 두 개의 NAND게이트로 구현할 수 있다. 그림 6-3(a)와 (b)는 각각 NOR게이트에 의해서 구현된 SR래치와 동작표를 나타낸다. 동작표에서 $Q(t)$는 현재 상태에서의 출력값을 나타내며, $Q(t+1)$은 다음 상태에서의 출력값을 나타낸다.

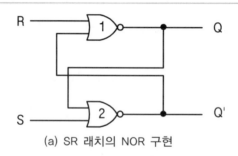

(a) SR 래치의 NOR 구현

S R	Q(t+1) Q'(t+1)	동작상태
0 0	Q(t) Q'(t)	불변
1 0	1 0	세트 상태
0 1	0 1	리셋 상태
1 1	0 0	금지 조건

(b) 동작표

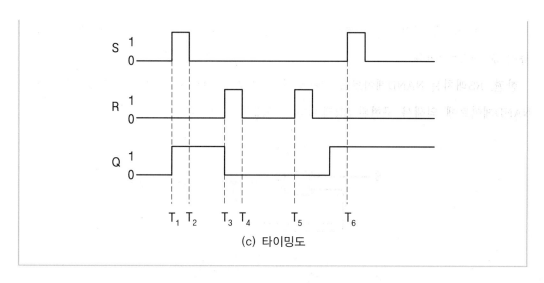

(c) 타이밍도

그림 6-3 SR 래치의 NOR 구현

교차 결합된 두 개의 NOR게이트로 구성된 이 래치는 두 개의 입력S(set)와 R(reset)을 가지며, 두 개의 보수 출력 변수는 Q와 Q'를 가진다. 여기서 이 래치의 동작은 그림 6-3(b)에 나타난 동작표에 나타나 있다. 이 동작표에 주어진 결과로부터 래치의 동작은 다음과 같이 요약할 수 있다.

① S=0, R=0인 경우에는 회로의 출력 상태는 변화하지 않고 현재 상태의 값을 유지한다. 따라서 이 조건은 1비트의 데이터를 기억하는 경우를 나타낸다.

② S=1, R=0인 조건은 래치를 세트(set)하라는 의미를 나타내므로 $Q(t+1)=1$, $Q'(t+1)=0$이 된다.

③ S=0, R=1인 조건은 리셋(reset)하라는 의미이므로 $Q(t+1)=0$, $Q'(t+1)=1$ 이 된다.

④ R=1, S=1인 경우에는 출력 $Q(t+1)=Q'(t+1)$이 되어 출력에는 서로 보수 관계의 출력이 나타나지 않으므로 금지조건, 즉 허가할 수 없는 상태가 된다.

이와 같은 래치의 동작 상태를 그림 6-3(c)에 나타난 타이밍도로 나타내면 쉽게 이해할 수 있다. 단, 회로의 전파지연 시간은 없는 것으로 가정한다.

그림 6-3(c)에서 S=0, R=0인 조건(시간 T_2~T_3)은 이전의 입력 조건에 의한 출력 상태를 유지하므로(시간 T_1~T_2) 논리 1의 데이터를 기억하고 있음을 알 수 있다. 그리고

S=1, R=0일 때 시간 $T_1 \sim T_2$에서 Q(t+1)=1이며, S=0, R=1일 때 시간 $T_3 \sim T_4$에서 출력 Q(t+1)=0이다.

한편, RS래치는 NAND게이트를 이용하여 구성할 수 있는데, 그림6-4(a)와 (b)는 각각 NAND게이트에 의해서 구현된 SR래치와 동작표를 나타낸다.

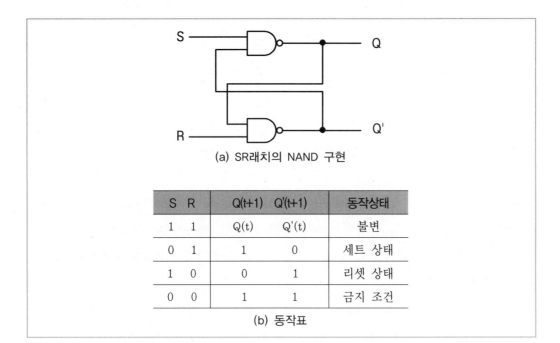

(a) SR래치의 NAND 구현

S R	Q(t+1)	Q'(t+1)	동작상태
1 1	Q(t)	Q'(t)	불변
0 1	1	0	세트 상태
1 0	0	1	리셋 상태
0 0	1	1	금지 조건

(b) 동작표

그림 6-2 SR래치의 NAND 구현과 동작표

그림 6-4(a)의 래치는 교차 결합된 두 개의 NAND게이트로 구성되며, 이 래치의 동작은 그림 6-4(b)의 동작표에 나타나 있다. NAND게이트로 구성된 SR래치는 NOR게이트의 경우와 반대로 동작한다. 즉, 입력 조건 S=R=1이면 래치의 상태는 변화하지 않고 그대로 유지되며, S=R=0이면 두 개의 출력은 모두 1이 되므로 이러한 조건은 래치의 정상 동작을 위하여 피해야 한다.

[예제 6-1] 그림 6-5와 같은 파형을 NAND 게이트 래치에 인가하였을 때 Q의 출력파형을 결정하라. 단, Q는 0으로 초기화 되어 있다.

풀이

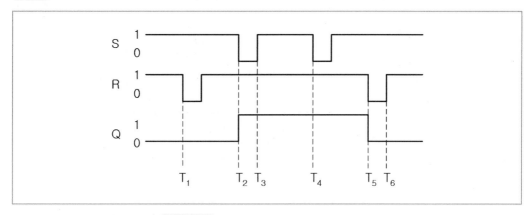

그림 6-5 NAND게이트 래치의 출력파형

6-2-2 SR 플립플롭

앞에서 설명한 두 개의 SR래치는 클럭 펄스(CP: clock pulse)입력과무관하게 동작하므로 비동기 SR 플립플롭(SR-FF(Flip Flop))이라 할 수 있다. 그림 6-6(a)와 (b)는 각각 두 개의 NAND게이트를 이용한 RS래치에 CP 입력을 추가한 클럭 입력을 가진 SR 플립플롭의 논리회로와 그래픽 기호를 나타낸다.

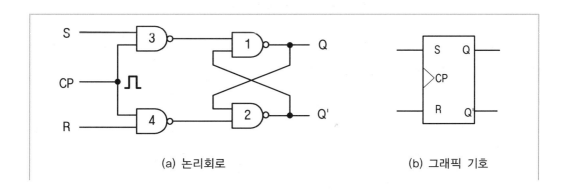

(a) 논리회로 (b) 그래픽 기호

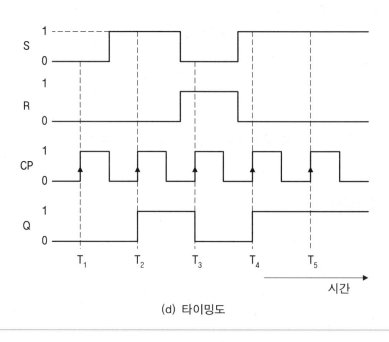

CP	S	R	Q(t+1)
1	0	0	Q(t)
1	0	1	0
1	1	0	1
1	1	1	금지 조건

(c) 동작표

(d) 타이밍도

그림 6-6 SR 플립플롭

이 플립플롭은 CP가 1인 동안에만 입력에 응답하며, 입력되는 CP는 일정한 시간마다 반복되는 주기적인 펄스(periodic pulse)이거나 또는 반복성이 없는 비주기적인 펄스 (aperiodic pulse)가 된다. CP=0 인 상태에서 두 개의 NAND게이트의 출력은 S, R과 관계없이 모두 1이 된다. 따라서 출력 Q와 Q'는 변화하지 않고 현재 상태를 기억하게 된다. 그러나 CP=1이면 S, R에서 인가한 입력값이 그대로 래치의 입력으로 전달된다. 이러한 입력 조건은 앞에서 설명한 RS래치의 동작과 동일하다. 이 플립플롭은 S와 R의 4가지 입력 조건에 따라서 다음과 같이 동작한다.

① CP=1, S=0, R=0인 조건

플립플롭의 상태는 변화하지 않는다. 즉, $Q(t)$의 값이 0이면, $Q(t+1)=0$, $Q(t)$의 값이 1이면, $Q(t+1)=1$이 된다. 타이밍도에서 T_1의 경우가 이에 속한다.

② CP=1, S=0, R=1인 조건

플립플롭의 상태는 $Q(t)$의 값과 관계없이 리셋 상태 즉, $Q(t+1)=0$가 된다. 타이밍도에서 T_{13} 경우가 이에 속한다.

③ CP=1, S=1, R=0인 조건

플립플롭의 상태는 $Q(t)$의 값과 관계없이 세트 상태 즉, $Q(t+1)=1$가 된다. 타이밍도에서 T_2의 경우가 이에 속한다.

④ CP=1, S=1, R=1인 조건

이 조건에서 출력은 모두 1이 되므로 플립플롭은 정확히 동작하지 않는다. 따라서 플립플롭 출력이 불안정하므로 이러한 입력 조건은 금지된다.

그림 6-6(c)의 동작표는 위에서 설명한 플립플롭의 동작 상태를 요약한 SR 플립플롭의 동작표로 나타낸다. 이 회로에 대한 맵은 동작표를 이용하면 구할 수 있고, 맵으로부터 특성 방정식을 다음과 같이 유도할 수 있다.

$$Q(t+1) = S + R'Q(t)$$
$$SR = 0$$

여기서 $SR=0$을 특성 방정식에 포함시키는 것은 $S=R=1$인 조건은 허용될 수 없음을 나타내기 위한 것이다.

이 SR 플립플롭의 동작을 타이밍도로 나타내면 그림 6-6(d)와 같다.

이 타이밍도에서 알 수 있듯이 CP=0인 동안에는 S와 R의 값과 관계없이 출력 Q가 변화하지 않으며, CP=1인 동안에만 S와 R의 입력에 따라 출력 Q가 변화하고 있다.

6-2-3 D 플립플롭

SR 플립플롭의 변형인 D 플립플롭(D-FF)은 CP에 따라 입력에서 인가한 데이터 비트 (1과 0)를 저장하는 데 사용되는 플립플롭이다. 따라서 D 플립플롭은 CP와 단지 1개의 데이터 입력 D를 가지며, 그림 6-7(a)와 (b)는 각각 이 플립플롭에 대한 논리회로와 그래픽 기호를 나타낸다.

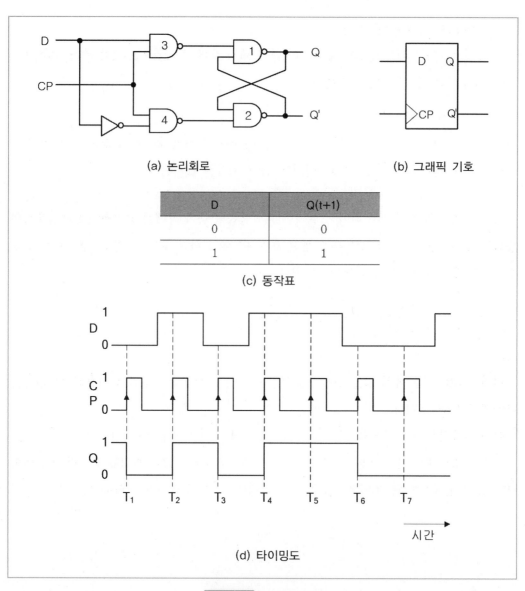

(a) 논리회로　　　　　　　　　(b) 그래픽 기호

D	Q(t+1)
0	0
1	1

(c) 동작표

(d) 타이밍도

그림 6-7 D 플립플롭

CP=0인 상태에서 두 개의 NAND게이트의 출력은 D의 값과 관계없이 모두 1이 되므로 출력 Q와 Q'는 변화하지 않고 현재 상태를 기억하게 된다. 그러나 CP=1이면 두 개의 NAND게이트의 출력은 입력 D의 값에 따라 변화한다. 따라서 이 플립플롭은 D의 입력값에 따라 다음과 같이 동작한다.

① CP=1, D=0인 조건

D의 값이 플립플롭의 출력에 그대로 전달되므로 Q=0이 되어 회로는 리셋 상태가 된다.

② CP=1, D=1인 조건

D의 값이 플립플롭의 출력에 그대로 전달되므로 Q=1이 되고, 회로는 세트 상태가 된다.

그림 6-7(c)의 동작표는 위에서 설명한 플립플롭의 동작을 요약한 동작표를 나타낸다. 이 동작표에서 알 수 있듯이 출력 Q(t+1)은 Q(t)의 값과 관계없으므로 D 플립플롭에 대한 특성 방정식을 다음과 같이 유도할 수 있다.

$$Q(t+1) = D$$

D 플립플롭의 동작을 타이밍 다이어그램으로 나타내면 그림 6-7(d)와 같다. CP=0인 동안에는 입력값과 관계없이 출력 Q에는 변화가 없다. 그러나 CP=1인 동안에는 D 입력이 그대로 출력 Q에 나타냄을 알 수 있다. 타이밍도에서 T_1과 T_2, 그리고 T_2와 T_3 등의 이와 같은 경우이다.

6-2-4 JK 플립플롭

JK 플립플롭(JK-FF)은 SR 플립플롭에서 R=1, S=1인 경우 출력이 불안정한 상태가 되는 문제점을 개선하여 이러한 입력 조건에서도 동작하도록 만든 회로이다. JK 플립플롭의 J는 S(set)에, K는 R(reset)에 해당되는 입력이다. JK 플립플롭의 가장 큰 특징은 J=1, K=1인 경우 이 플립플롭의 출력은 이전의 출력과 보수의 상태로 바뀐다는 점이다. 즉,

Q(t)=1이면 Q(t+1)=0이 되며, Q(t)=0이면 Q(t+1)=1이 된다.

그림 6-8(a)와 (b)는 각각 2개의 AND게이트와 2개의 교차된 쌍 NOR게이트에 의해서 구성된 JK 플립플롭의 논리회로와 그래픽 기호를 나타낸다.

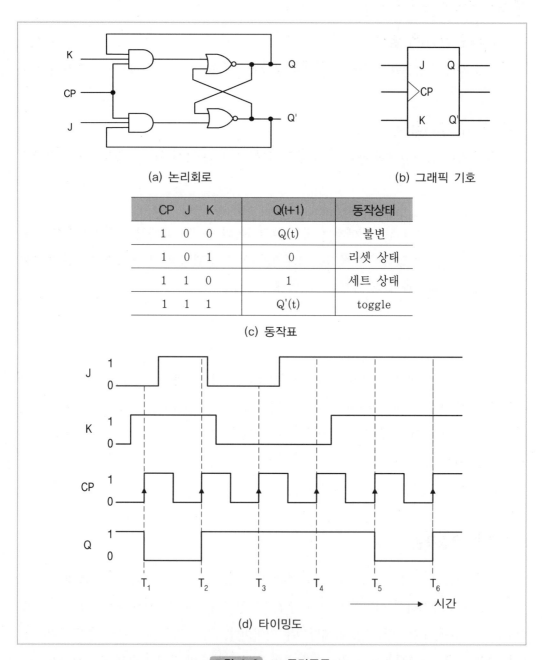

(a) 논리회로 (b) 그래픽 기호

CP	J	K	Q(t+1)	동작상태
1	0	0	Q(t)	불변
1	0	1	0	리셋 상태
1	1	0	1	세트 상태
1	1	1	Q'(t)	toggle

(c) 동작표

(d) 타이밍도

그림 6-8 JK 플립플롭

J=1, K=1일 때 JK 플립플롭의 동작 특성을 살펴 보기로 하자.

① J=1, K=1, CP=1이고 Q=1인 경우

출력 Q는 K와 AND되고 Q'(Q'=0)는 J와 AND된다. 이때 CP=1이면위쪽의 AND 게이트의 출력은 1이 되고, 아래쪽 AND게이트의 출력은 0이 되어 플립플롭은 리셋 상태(Q=0)가 된다.

② J=1, K=1, CP=1이고 Q'=1인 경우

이 조건에서 위쪽의 AND 게이트의 출력은 0이 되고, 아래쪽 AND게이트의 출력은 1이 되어 플립플롭은 세트 상태(Q=1)가 된다.

따라서 JK 플립플롭의 출력은 J=1, K=1일 때, 현재 상태의 보수가 취해지므로 SR 플립플롭에서 S=1, R=1인 금지된 상태를 허용함을 알 수 있다.

그림 6-8(c)는 JK 플립플롭에 대한 동작표를 나타낸다. J=1, K=1일 때에는 항상 현재 상태 Q(t)의 보수가 출력되며, 그 이외의 경우에는 SR 플립플롭과 똑같이 동작한다. 따라서 JK 플립플롭에 대한 특성 방정식을 다음과 같이 유도할 수 있다.

$$Q(t+1) = JQ'(t) + K'Q(t)$$

JK 플립플롭에 대한 동작은 그림 6-8(d)에 나타난 타이밍도에 의해서 설명할 수 있다.

① 시간 T_1에서 J=0, K=1, CP=1이므로 JK 플립플롭의 출력은 클리어 되어 Q=0이 된다.

② 입력 J=K=1 인 상태에서 두 번째 클럭이 시간 T_2에서 발생하면 플립플롭은 반대 상태로 toggle되므로 Q=1이 된다.

③ 시간 T_3에서 J=K=0이면 플립플롭의 상태는 변화하지 않으므로 이전 상태(Q=1)를 계속 유지하게 된다.

④ 시간 T_4에서 J=1, K=0인 조건은 플립플롭을 세트(Q=1)하게 된다. 그러나 이미 1의 값을 가지고 있으므로 그 값이 계속 유지된다.

⑤ 시간 T_5에서 J=K=1이면 플립플롭은 toggle되어 Q=0이 된다.

이때 플립플롭의 출력은 CP=1인 동안에만 입력 J, K의 입력 조건에 따라 변화함에 주의하라.

6-2-5 T 플립플롭

T 플립플롭(T-FF)은 JK 플립플롭에서 J와 K를 하나로 묶어서 하나의 입력 T로 동작하도록 변형된 형태의 플립플롭이다. 여기서 T를 사용한 이유는 플립플롭의 toggle(출력상태의 반전(보수화))을 의미한다. 그림 6-9(a)와 (b)는 각각 T 플립플롭에 대한 논리회로와 그래픽 기호를 나타낸다.

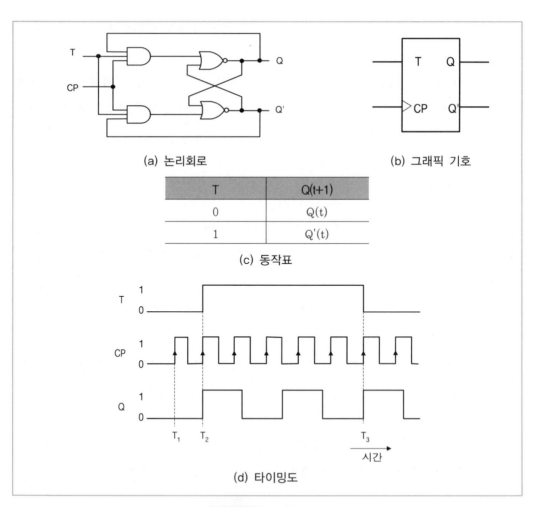

(a) 논리회로   (b) 그래픽 기호

T	Q(t+1)
0	Q(t)
1	Q'(t)

(c) 동작표

(d) 타이밍도

그림 6-9 T 플립플롭

입력 T＝0일 때에는 CP에 관계없이 현재 상태를 유지하며, T＝1일 때에는CP＝1인 동안 출력 상태는 현재 상태의 보수로 계속 변화하게 된다. 그림 6-9(c)는 T 플립플롭에 대한 동작표로 나타낸다. T＝0이면, Q(t＋1)＝Q가 되고, T＝1이면, Q(t＋1)＝Q'가 되므로 T 플립플롭에 대한 특성 방정식을 다음과 같이 유도할 수 있다.

$$Q(t+1) = T'Q + TQ'$$

그림 6-9(d)는 T 플립플롭의 동작을 타이밍도로 나타낸 것이다. 입력 T＝1인 경우 시간 T_2에서 T_3 사이에서 출력 Q의 값은 현재 상태의 보수가 됨을 알 수 있으며, 이때 출력 Q의 상태는 다섯 번 변화하였으므로 다섯 개의 클럭이 입력 T에 인가되었다는 것을 알 수 있다. 따라서 T 플립플롭은 일정한 시간 동안 회로에 주기적으로 입력된 클럭의 개수를 셀 수 있는 카운터(counter)의 설계에 유용하게 사용되고 있다.

6-3 비동기 입력

지금까지 설명한 플립플롭에 있어서 입력 S, R과 D와 같은 입력을 제어 입력(control input)이라 하며, 이러한 입력을 또한 동기 입력(synchronous input)이라고도 부른다. 왜냐하면, 플립플롭의 출력 변화는 CP에 의해서 좌우되기 때문이다. 따라서 동기 입력 신호는 플립플롭을 트리거(trigger) 시키기 위해서 클럭 신호와 함께 사용하여야 한다.

여기서 트리거라함은 플립플롭의 상태를 변화시키기 위한 순간적인 입력 변화를 말한다.

대부분의 CP를 가진 플립플롭은 동기 입력과 클럭 입력과 독립적으로 동작하는 1개 이상의 비동기 입력(asynchronout input)을 가진다. 이러한 비동기 입력은 다른 입력과 관계없이 임의의 시간에서 플립플롭의 상태를 0 또는 1로 세팅(setting)시키는 데 사용된다.

그림 6-10(a)와 (b)는 각각 Preset(Set)와 Clear(Reset)의 두 개의 비동기 입력을 가진 SR 플립플롭과 그래픽 기호를 나타낸다.

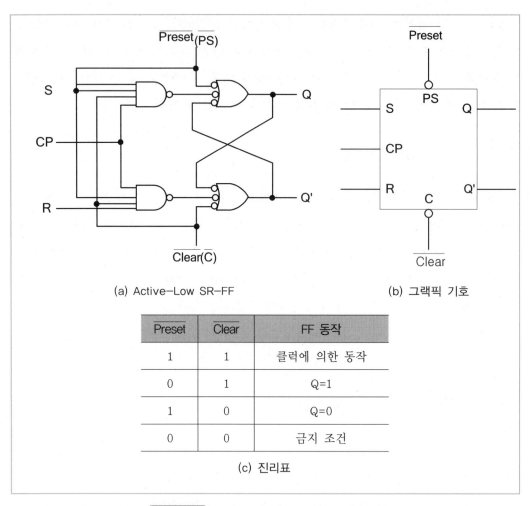

(a) Active-Low SR-FF

(b) 그래픽 기호

Preset	Clear	FF 동작
1	1	클럭에 의한 동작
0	1	Q=1
1	0	Q=0
0	0	금지 조건

(c) 진리표

그림 6-10 비동기 입력을 가진 SR 플립플롭

그래픽 기호에서 두 입력에 버블(bubble)이 붙어 있는 것은 플립플롭이 Active-Low 입력에서 동작한다는 것을 의미한다. 만약, 두 입력에 버블이 붙어있지 않았다면, 이 플립플롭은 Active-High로 동작하게 될 것이다. 그림 6-10(c)은 두 개의 비동기 입력이 플립플롭의 출력에 어떻게 영향을 미치는지를 요약한 진리표를 나타낸다. 진리표에서 Preset'=Clear'=1인 경우 비동기 입력은 동작하지 않기 때문에 출력 Q는 R, S, CP에 의해서 결정된다. Preset'=0, Clear'=1인 조건에서 출력 Q는 Preset 되므로 Q = 1, Q' = 0 이 되며, Preset'=1, Clear'=0인 조건에서는 출력 Q는 Clear 되므로 Q = 0, Q' = 1이 된다.

Preset'=Clear'=0인 조건은 결과가 부정확(ambiguous response)하기 때문에 사용하지 않는 금지 조건이다.

6-4 플립플롭의 타이밍 특성

플립플롭 IC를 사용하는 경우 플립플롭의 타이밍 관계는 매우 중요하다. CP의 트리거 dpt지에서 플립플롭은 입력신호를 인식하고, 그에 따른 출력을 결정하게 된다. 그 과정에서 입력신호는 CP의 전이가 발생하기 일정한 시간 이전에 미리 어떤 상태 레벨을 유지하고 있어야 안정된 상태 변화를 보장할 수 있다. 만약, CP를 가진 플립플롭(Clocked flip flop)에서 CP의 천이가 발생했다면 제어 입력에서 인가한 데이터에 대해 플립플롭의 정상적인 출력을 얻기 위해서는 아래에 설명한 두 개의 타이밍 요구를 만족시켜야 한다. 그림 6-11은 PGT에 의해서 동작하는 플립플롭에 대해 이러한 요구를 설명하기 위한 한 가지 예를 나타낸다.

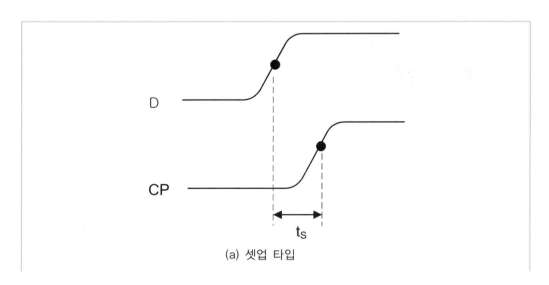

(a) 셋업 타입

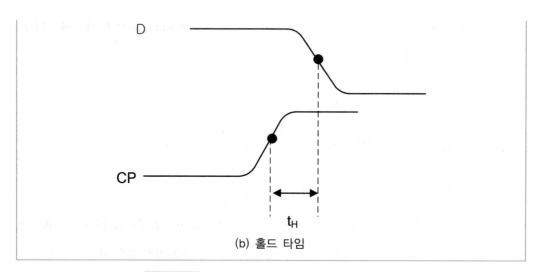

(b) 홀드 타임

그림 6-11 셋업 타임과 홀드 타임의 타이밍 조건

(1) 셋업 타임(setup time)

플립플롭은 데이터를 읽어 들이는 데 요구되는 시간은 제로가 아니다. 그러므로 플립플롭의 정상적인 동작을 위해서는 CP가 전이(0에서 1로)를 가지기 전에 안정한 입력 데이터 값을 유지해야 하는데, 이 때 요구되는 시간 간격인 t_S를 셋업 타임이라 한다.

예를 들어, 그림 6-11(a)에서 보는 바와 같이 D 플립플롭에서 CP의 상승에지에서 트리거가 발생했을때, D입력 신호는 적어도 어떤 일정시간 이전에 원하는 값(이 경우는 1)을 미리 유지하고 있어야 한다.

IC 제조자는 일반적으로 만족할만한 최소의 셋업 타임을 규정하고 있다. 만약 이러한 타이밍 요구가 만족하지 않으면 플립플롭의 동작은 보증되지 않는다.

(2) 홀드 타임(hold time)

플립플롭의 정상적인 동작을 위해서는 CP가 전이(0에서 1로)를 가진후에도 안정한 입력 데이터값을 유지해야 하는데, 이 때 요구되는 시간 간격인 t_H를 홀드 타임이라 한다.

예를 들어, 그림 6-11(a)에서 보는 바와 같이 CP의 상승에지 이후에도 D 입력 값이 일정시간 이상 동안 변하지 않고 1의 상태를 유지하고 있다.

IC 제조자는 일반적으로 만족할만한 최소의 홀드 타임을 규정하고 있다. 만약 이러한 타이밍 요구가 만족하지 않으면 플립플롭은 정상적으로 동작하지 않는다.

결과적으로 클럭이 발생할 때 이 플립플롭에 대해 정상적인 출력을 얻기 위해서 클럭 전이에 앞서 동기 입력은 t_S 시간 동안 뿐만아니라 클럭 전이 후에도 t_H 시간 동안 안정한 상태를 유지해야 한다. IC 플립플롭에서 t_S와 t_H의 단위는 ns(nanosecond)가 된다. 셋업 타임은 보통 5~50ns의 범위를 가지며, 홀드 타임은 0~10ns의 범위를 갖는다. 여기서 주의해야 할 점은 이러한 두 타임은 전이의 50% 지점에서 측정된다는 것이다.

6-5 Master-Slave 플립플롭

JK 플립플롭에서 클럭펄스 CP가 1인 동안 출력 Q가 반복적으로 보수가 취해지는 현상이 발생하는데 이것을 방지하기 위해서 만들어 진 것이 Master-Slave 플립플롭이다. 그림 6-12는 두 개의 플립플롭으로 구성된 Master-Slave JK 플립플롭의 논리도를 나타내었다.

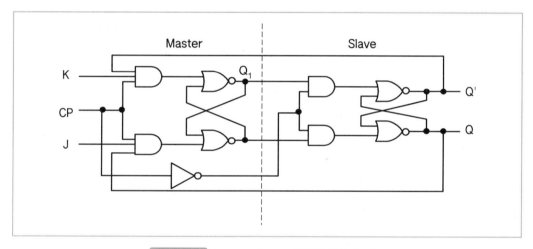

그림 6-12 Master-Slave 플립플롭의 논리도

그림 6-12에서 클럭펄스 CP가 1로 유지되는 동안 출력값 Q_1은 입력값 J, K에 따라서 결정된다. 이때 Slave 플립플롭의 클럭펄스는 0이 되는 출력 Q는 현재 상태를 그대로 유지하게 된다. 그러나 CP가 0이 되어 Slave 클럭펄스는 1이 되므로 Q_1에 저장 되었던 출력값이(CP=1인 경우) Q에 나타나게 된다. 결국 Master-Slave 플립플롭의 각 플립플롭은 CP에 따라 한쪽의 플립플롭이 동작할 때 다른 한 쪽은 동작하지 않는다. 따라서 Master-

Slave 플립플롭을 사용하면 JK 플립플롭에서 CP=1인 동안 계속해서 출력이 보수가 취해지는 현상을 방지할 수 있다.

JK 플립플롭으로 구성된 Master-Slave JK 플립플롭은 기본적으로 JK 플립플롭과 같은 동작을 하므로 JK 플립플롭의 진리표를 이용하면 회로의 동작을 쉽게 알 수 있다.

그림 6-13은 입력 J와 K, 그리고 클럭펄스 CP의 변화에 따라 출력 Q가 어떻게 변화하는지를 나타내는 타이밍도이다. 시간 T_1에서 입력 J와 K가 각각 1, 0이므로 출력 Q_1은 1이 되지만, 최종 출력 Q는 Slave의 클럭 입력이 0인 상태이므로 Q=0이 된다. T_2에서 CP가 1→0이면 출력 Q에는 1이 나타나게 된다. 입력 J와 K가 각각 0, 1일 때, Q_1은 T_3에서 0이 되지만, Q는 T_4에서 0이 된다.

Master-Slave JK 플립플롭은 JK 플립플롭의 입력 (J, K)=(1, 1)이고 CP=1일 때 출력이 게이트의 전파지연 주기마다 보수가 취해지는 현상은 제거된다. 그러나 그림 6-13의 시간 T2와 T4 지점에서 알 수 있듯이 입력 J와 K의 변화에 따라 최종 출력이 변화하는 데 지연이 생기므로 고속 디지탈 시스템의 설계에는 부적합이다. 따라서, JK 플립플롭과 Master-Slave JK 플립플롭의 단점을 보완하여 클럭이 1→0(negative edge trigger) 또는 0→1(positive edge trigger)로 변화할 때에만 동작하는edge-griggering 플립플롭이 있다.

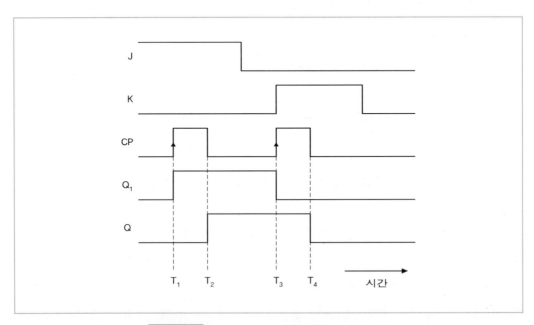

그림 6-12 Master-Slave플립플롭의 타이밍도

연습문제

01 다음에 나타난 입력 파형을 SR 플립플롭에 인가했을 때 출력 Q의 파형을 그려라. 여기서 출력 Q에는 논리 0으로 초기화가 되어 있다고 가정한다.

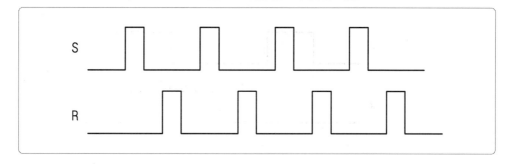

02 문제 1의 파형(S＝J, R＝K로 함)을 JK 플립플롭에 인가했을 때 출력 Q의 파형을 그려라.

03 다음과 같은 입력파형이 주어졌을 때 SR 플립플롭에 대한 출력파형을 그려라. 여기서 CP 는 음의 전이(NGT)를 가지며, 출력 Q에는 논리 1로 초기화가 되어 있다고 가정한다.

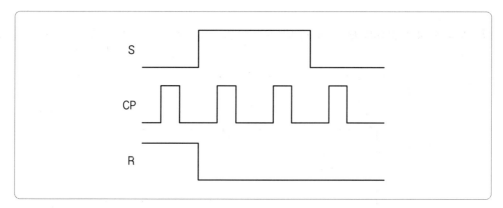

04 다음과 같은 입력파형이 주어졌을 때 JK 플립플롭에 대한 출력파형을 그려라. 여기서 CP 는 음의 전이(NGT)를 가지며, 출력 Q에는 논리 0으로 초기화가 되어 있다고 가정한다.

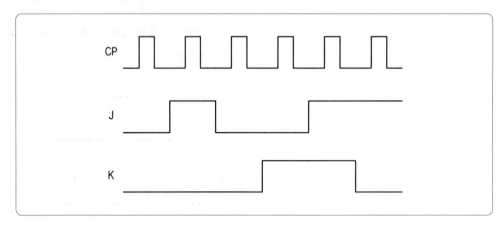

05 T 플립플롭에 공급된 CP의 주기가 1μsec일 경우 출력파형의 주파수 f는 얼마인가?

06 NAND 게이트로 구성된 Master-slave JK 플립플롭에 대한 논리도를 그려라. 단 비동기 적으로 플립플롭을 세트(set)하고 리셋(reset)할 수 있는 두 개의 단자를 포함시켜라.

07 다음과 같은 일력파형을 문제 6에서 유도한 회로의 입력에 인가했을 때 출력파형을 그려라.

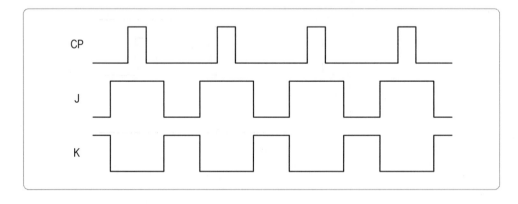

08 비동기 입력을 가지는 Active-high JK 플립플롭에 대한 논리도를 그려라.

09 다음과 같은 입력파형을 그림 문제 8에서 유도한 논리도의 입력으로 인가했을 때 출력 Q 의 파형을 그려라.

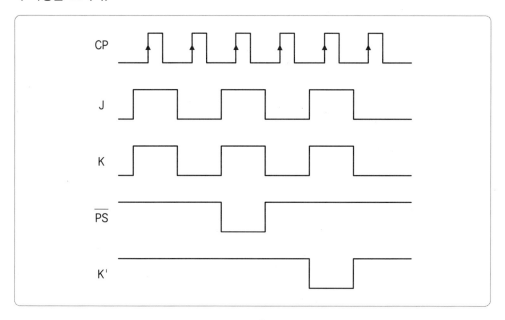

10 다음과 같은 입력파형을 그림 6-10(a)의 입력으로 인가했을 때 출력 Q의 파형을 그려라.

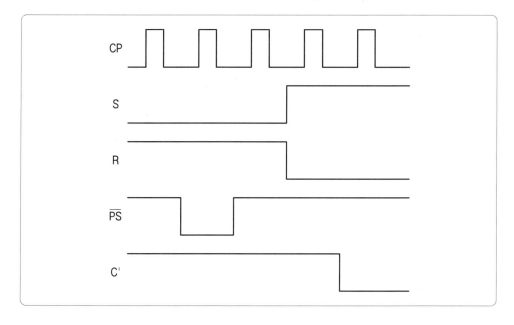

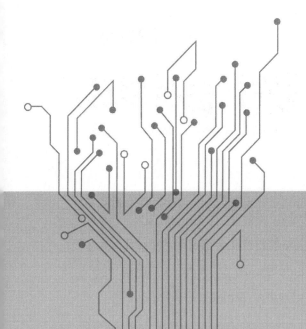

| 제7장 |

동기 순서회로

동기 순서회로

지금까지 설명한 조합 논리회로는 임의의 시간에서 이전의 입력값(previous input value)과 관계없이 현재의 입력값(present input value)에 의해서 출력이 결정되는 논리 회로이다. 이에 반해서 순서 논리회로(sequential logic circuit)는 현재의 입력값은 물론 이전의 입력상태(메모리 특성)에 의해서 출력값이 결정되는 논리회로이다.

순서회로는 신호의 타이밍(timing)에 따라 동기 순서회로(synchronous sequential circuit)와 비동기 순서회로(asynchronous sequential circuit)로 나눌 수 있다. 동기 순서 회로에 있어서 상태(state)는 단지 이산된(discrete) 각 시점 즉, 클럭 펄스가 들어오는 시점에서 상태가 변화하는 회로이다. 이러한 펄스는 주기적(perodic) 또는 비주기적(aperiodic)으로 생성할 수 있으며, 클럭 펄스는 클럭 생성기(clock generator)라 하는 타이밍 장치에 의해서 생성된다. 이와 같이 클럭 펄스 입력에 의해서 동작하는 회로를 동기 순서논리회로 또는 단순히 동기 순서회로라 한다.

한편, 비동기 순서회로는 시간에 관계없이 단지 입력이 변화하는 순서에 따라 동작하는 논리회로를 말한다. 비동기 순서회로는 회로 입력이 변화할 경우에만 상태 천이(state transition)가 발생하므로 클럭이 없는 메모리 소자(unclocked memory device)를 사용한다. 결과적으로 비동기 회로의 정확한 동작은 입력의 타이밍에 의존하기 때문에 마지막 입력 변화에서 회로가 안정하도록 설계해야 한다. 그렇지 않으면 회로는 정확하게 동작하지 않게 된다. 비동기 순서회로에 대해서는 제 10장에서 소개한다.

그림 7-1은 동기 순서회로의 블록도를 나타낸다.

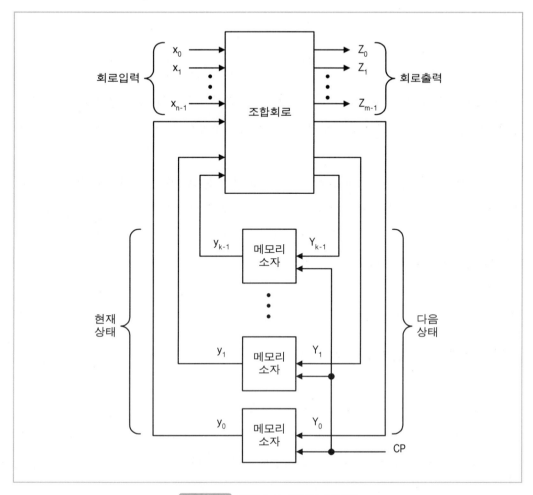

그림 7-1 동기순서 회로의 블록도

입출력과 상태를 부울함수로 표현하기 위하여, 입력 변수 $\mathbf{x}$와 상태 변수 $\mathbf{y}$를 다음과 같이 정의한다.

$$\mathbf{x} = (x_0,\ x_1,\ \cdots,\ x_{n-1}),\ \mathbf{y} = (y_0,\ y_1,\ \cdots,\ y_{k-1})$$

이 경우 다음 상태 변수는 식 (7-1)과 같이 주어진다.

$$Y_i(t+1) = G_i(\mathbf{x}(t),\ \mathbf{y}(t)),\qquad i = 0,\ 1, \cdots,\ k-1 \qquad\qquad (7.1)$$

그리고 Mealy회로와 Moore회로를 위한 출력 변수는 각각 식 (7.2)와 식 (7.3)과 같다.

$$Z_i(t) = F_i(\mathbf{x}(t),\ y(t)), \qquad\qquad i = 0,\ 1,\ \cdots,\ m-1 \qquad\qquad (7.2)$$
$$Z_i(t) = F_i(\mathbf{y}(t)), \qquad\qquad\qquad i = 0,\ 1,\ \cdots,\ m-1 \qquad\qquad (7.3)$$

여기서 타이밍 소자 (t)는 클럭 입력의 제어를 강조하기 위해서 사용하였다. 동기회로에 대한 이러한 식들은 비동기 회로에 대한 식 (9-1), (9-2), (9-3)과 비슷하다는 것을 알 수 있다.

동기 순서회로의 설계 과정은 주어진 사양으로부터 논리회로를 구현하는 절차이며, 이 회로의 해석 과정은 이미 구현된 논리회로로부터 상태표나 상태도를 유도하는 절차이다. 여기에서는 먼저 동기회로의 설계과정에 대해서 알아보고, 이 회로에 대한 해석 과정은 7-2절에서 설명하기로 한다.

7-1 동기 순서회로의 설계 과정

동기 순서회로는 조합회로 부분과 기억소자 부분으로 구성된다. 여기서 조합회로 부분은 AND나 NOR와 같은 기본 논리 게이트들의 결합으로 구성되고, 기억소자 부분은 한 개 이상의 플립플롭들의 병렬, 또는 직렬로 결합되어 구성된다. 이러한 동기 순서회로의 설계는 크게 다음의 7단계에 의해서 수행된다.

[단계 1] 회로 동작 기술(상태도 작성)

[단계 2] 정의된 회로의 상태표 작성

[단계 3] 필요한 경우 상태 축소 및 상태 할당

[단계 4] 플립플롭의 수와 플립플롭의 형태 결정

[단계 5] 여기표와 출력표의 유도

[단계 6] 플립플롭의 출력 함수 및 회로의 입력 함수 유도

[단계 7] 논리회로의 구현

동기 회로의 설계는 위에서 설명한 것처럼 주어진 사양으로부터 상태표와 상태도를 구하

고 여기표를 이용하여 회로의 간략화 과정을 거쳐서 논리회로를 구현하는 과정이 필요하다. 이 장에서는 위의 각 단계를 적용하여 순서회로의 설계 과정을 상세히 설명하기로 한다.

7-1-1 회로 동작 기술

순서회로의 설계 과정은 먼저 회로 동작(또는 상태도 작성)이 명확히 기술되어야 하며, 이때 플립플롭의 상태도나 다른 정보를 포함할 수 있다. 다시 말해서 순서회로의 설계는 조합회로와 달리 현재의 상태가 다음 상태에 영향을 미치기 때문에 모든 가능한 상태와 이들 상태에 대한 천이 관계를 명확히 정의하는 것이 중요하다. 일단 회로에 대한 사양 (specification)이 정해지면 정해진 내용에 따라 상태표가 작성되고 설계 절차에 따라 회로를 설계할 수 있다. 그림 7-2는 설계하고자 하는 동기 순서회로에 대한 상태도(state diagram)를 나타낸다.

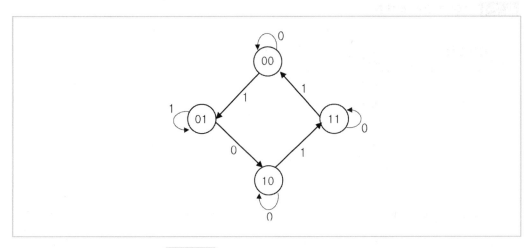

그림 7-2 동기 순서회로에 대한 상태도

그림 7-2에서 4가지 상태는 2진수의 값이 할당된 00, 01, 10, 11을 가진다. 일반적으로 방향 표시(화살표)가 된 선들은 슬래시(/)에 의해서 분리되는 2개의 2진수를 갖는다. 슬래시 이전에 기술된 2진수는 현재 상태 동안의 입력값을, 다음에 나타난 2진수는 현재 상태 동안의 출력값을 나타낸다. 예를 들어서 00→01(00 상태에서 01 상태로의 변화)의 선에 1/0이라 표시되어 있으면, 이것은 순서회로가 현재 상태 00, 입력 1, 출력 0일 때를 의미하

며, 한 클럭이 인가된 후 이 회로는 다음 상태 01으로 변화함을 나타낸다.

그러나 이 그림에서는 슬래시가 없고 하나의 2진수만 나타나 있으므로 입력 변수만 있고 출력 변수는 없는 상태에서 상태 변화가 일어남을 알 수 있다.

7-1-2 상태표 작성

상태표(state table)는 현재 상태와 외부 입력의 변화에 따라 다음 상태의 변화를 정의한 것으로 이 표는 상태도로부터 유도할 수 있다. 그림 7-2의 상태도로부터 상태표를 유도하기 위해서 4개의 상태를 나타내고 있는 2개의 플립플롭에는 상태 변수 A와 B를 할당하고, 외부 입력에는 변수 x를 할당한다. 이 회로는 외부 출력이 없음에 주의하라. 표 7-1은 그림 7-2의 상태도로부터 유도된 상태표를 나타낸다.

표 7-1 그림 7-2의 상태표

현재상태	다음상태	
	x=0	x=1
A B	A B	A B
0 0	0 0	0 1
0 1	1 0	0 1
1 0	1 0	1 1
1 1	1 1	0 0

표 7-1은 현재 상태 A, B가 외부 입력 x의 변화에 따라 다음 상태 A, B로 어떻게 변화하는가를 나타내고 있다. 예를 들어, 현재 상태가 A=0, B=1이고 외부 입력 x=0인 경우 다음 상태는 A=1, B=0으로 변화함을 알 수 있다. 이러한 변화는 그림 7-2의 상태도로부터 직접 알 수 있다. 그러나, 상태표에서는 현재 상태와 외부 입력 및 다음 상태를 정적인 형태로 표현하기 위하여 변수를 정의한 점이 다르다.

7-1-3 필요한 경우 상태 축소 및 상태 할당

설계의 첫 단계에서 주어지는 상태도에서 원(circle) 안에 표시되는 상태는 2진수의 값 대신에 글자 기호(letter symbol)로 표시되는 경우도 있다. 그림 7-2의 상태도의 원 안에 상태가 2진수로 표시되어 있으므로 상태의 축소나 상태의 할당을 위한 단계는 고려할 필요가 없다.

여기에서는 문자 기호에 의해서 표시된 상태를 가진 상태도로부터 간략화된 상태표를 유도하기 위한 절차에 대해서 알아보기로 한다. 상태도로부터 얻어진 상태표는 하나 또는 그 이상의 불필요한 상태(redundant state)를 가질 수 있다. 축소된 최소 상태표(minimal state table)를 유도하기 위한 과정은 상태 축소와 상태 할당의 2단계에 의해서 수행된다.

(1) 상태 축소

회로 설계에 있어서 가장 중요한 것은 회로를 제작하는 데 필요한 비용을 줄이기 위해서 플립플롭과 게이트의 수를 최소화하는 일이라 할 수 있다. 순서회로에 있어서 플립플롭의 수를 줄이는 것을 상태 축소(state-reduction) 문제라 한다. 이 알고리즘은 외부 입출력에 대한 요구조건은 변하지 않고 단지 상태표에 있는 상태의 수를 줄이는 절차라 할 수 있다. 플립플롭의 수가 m이라 가정하면, 이때 요구되는 상태는 2^m이 되므로 상태의 수를 줄임으로써 플립플롭의 수를 줄일 수 있다. 그러나 경우에 따라 상태의 수는 감소되지만 플립플롭의 수는 변화하지 않는 경우도 있다.

상태를 축소시키기 위해서는 먼저 주어진 상태도로부터 상태표를 작성하고, 이 상태표에 있는 불필요한 상태를 제거하면 된다. 이 과정을 거친 상태표를 이용하면 간략화된 상태도를 다시 구할 수 있다.

그림 7-3은 글자 기호로 표시된 상태를 가진 다른 형태의 상태도를 나타낸다.

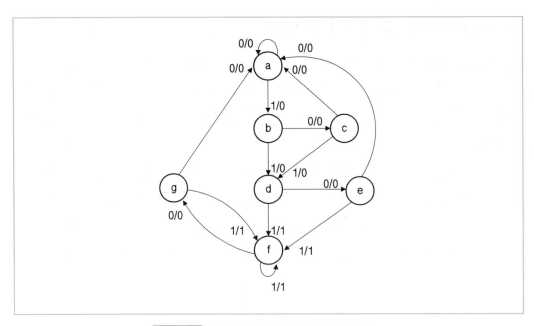

그림 7-3 상태 축소를 설명하기 위한 상태도

이 회로에 인가할 수 있는 입력 순서(input sequence)의 수는 제한되어 있지만, 각각에 대한 출력 순서는 유일하다. 따라서 상태의 축소 문제는 순서회로의 입출력 관계에는 변화를 주지 않고, 단지 상태의 수를 줄이는 방법을 알아내는 것이다. 표 7-2는 그림 7-3의 상태도로부터 직접 얻어진 상태표를 나타낸다.

표 7-2 그림 7-3의 상태표

현재상태	다음상태		출력	
	$x=0$	$x=1$	$x=0$	$x=1$
a	a	b	0	0
b	c	d	0	0
c	a	d	0	0
d	e	f	0	1
e	a	f	0	1
f	g	f	0	1
g	a	f	0	1

만약, 임의의 상태 p, q에 대해서 적어도 하나 이상의 입력이 서로 다른 출력을 가지는 상태가 존재한다면, 이들 상태는 서로 다르므로 구별할 수 있다. 그러나 어떤 입력에 대해

서도 p, q의 두 상태가 구별되지 않으면 이들은 서로 등가 관계가 성립한다. 이 경우 불필요한 한 가지 상태를 제거함으로써 상태를 축소할 수 있다.

표 7-2의 상태표를 조사해 보면 상태 e와 g는 동일한 출력과 동일한 다음 상태를 가진다. 즉, 이 두 가지 상태는 입력이 x=0, x=1일 때 각각 다음 상태 a와 f로 가며, 동일한 출력 0과 1을 갖는다. 따라서 두가지 상태 e와 g는 서로 등가가 되어 이 중에서 한 가지의 상태를 제거하면 되는데 여기에서는 g를 제거했다. 이때 삭제된 상태 g가 다음 상태의 열에 나타나면, 상태 g를 상태 e로 치환한다. 이러한 삭제 과정을 거친 후에도 위에서 설명한 등가 관계를 다시 조사해야 한다. 조사 결과, 상태 d와 f도 서로 등가이므로 f를 삭제하고 다음 상태열에 있는 f를 d로 치환한다. 표 7-3은 표 7-2에서 등가 상태를 모두 제거한 후 얻어진 최소 상태표를 나타내며, 이 상태표를 이용하면 그림 7-4와 같이 축소된 상태도를 얻을 수 있다.

표 7-3 최소 상태표

현재상태	다음상태		출력	
	x=0	x=1	x=0	x=1
a	a	b	0	0
b	c	d	0	0
c	a	d	0	0
d	e	d	0	1
e	a	d	0	1

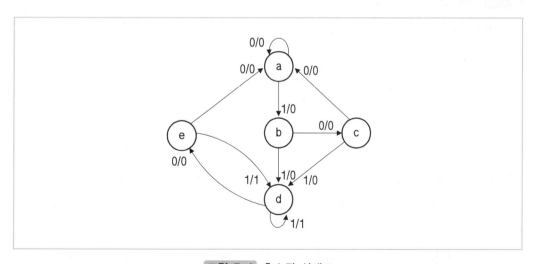

그림 7-4 축소된 상태도

순서회로의 상태를 축소시킨 결과 상태 수는 7개(그림 7-3)에서 5개(그림 7-4)로 감소하였으나 3개의 상태를 나타내려면 여전히 플립플롭 3개가 필요하다. 3개의 플립플롭은 000에서 111까지 8가지의 상태를 나타낼 수 있다. 표 7-3의 상태표를 이용하면 5개의 상태만 2진값을 할당하고 나머지 3개의 상태는 사용하지 않으므로 무정의 조건이 된다. 따라서 5개의 상태를 갖는 회로는 7개의 상태(그림 7-3)를 갖는 회로에 비교할 때 조합회로 부분의 게이트의 수를 줄이는 효과를 갖는다. 일반적으로 상태 수를 줄인다고 해서 반드시 플립플롭의 수나 게이트의 수가 줄어들지는 않지만 그러할 가능성은 많다고 할 수 있다.

(2) 상태 할당

위에서 설명한 방법에 의해서 상태 축소 과정이 끝나면 a, b, c, d, e 등과 같은 기호 형태로 표현된 각각의 상태를 얻을 수 있다. 상태 할당문제는 조합 논리회로 부분의 게이트 수를 최소화하기 위해서 기호 형태로 표현된 각각의 상태에 대해서 2진수(2진 코드)의 값을 할당하는 것이다.

지금까지 설명한 것 처럼 기호 형태로 표현된 상태에 2진수를 할당하는 방법은 여러 가지가 있는데 표 7-4는 표 7-3에서 구한 5가지의 상태에 대한 3가지 가능한 예를 보여주고 있다.

표 7-4 상태 할당에 대한 3가지 방법

상태	할당1	할당2	할당3
a	001	000	000
b	010	010	100
c	011	011	010
d	100	101	101
e	101	111	011

할당 1은 상태 a에서 e까지 순서적으로 2진 코드를 할당한 것이며, 나머지 경우는 임의로 선택하여 할당한 것이다. 식 (7.5)를 이용하면 이 회로에 할당 가능한 방법은 140가지가 된다.

표 7-5는 최소 상태표(표 7-3)에 나타난 각각의 글자 기호를 할당 1(표 7-4)에 나타난 2진 코트로 대치한 최소 상태표를 나타낸다.

표 7-5 할당1에 의한 최소 상태표

현재 상태	다음 상태		출력	
	x=0	x=1	x=0	x=1
001	001	010	0	0
010	011	100	0	0
011	001	100	0	0
100	101	100	0	1
101	001	100	0	1

따라서 2진 할당 방법이 다르면 입출력 관계에는 변함이 없지만, 서로 다른 이진 코드의 상태를 갖는 상태표를 얻게 된다는 것을 알 수 있다. 2진 형태를 갖는 상태표는 순서회로의 조합회로 부분을 유도하는 데 사용된다. 따라서 글자 기호로 표시된 각 상태에 2진 코드를 어떻게 할당하느냐에 따라 조합회로 부분의 복잡도는 달라지지만 최소의 비용을 가지고 조합회로를 얻을 수 있는 상태 할당 방법은 아직 존재하지 않는다.

7-1-4 플립플롭의 수와 형태의 결정

동기 순서회로를 구성하는 플립플롭의 수는 회로의 모든 가능한 상태가 몇 개로 구성되는가에 의하여 결정된다. 예를 들어서, 정의해야 할 상태의 수가 4가지이면 2개(2^2)의 플립플롭이 필요하며, 상태의 수가 8가지이면 3개의 플립플롭을 필요로 한다. 또한, 상태의 수가 5가지인 경우에는 3개의 플립플롭이 필요하지만 3가지의 상태는 사용하지 않는다. 따라서 이러한 조건은 조합 논리회로에서와 같이 무정의 조건이 된다.

그림 7-2의 상태도의 경우 모든 가능한 상태는 4가지이기 때문에 필요한 플립플롭의 수는 2개이며, 각각의 플립플롭에 대해서 문자 기호 A와 B를 할당한다. 일반적으로 플립플롭의 출력은 Q와 Q'(Q의 보수)로 구성된다. 따라서, 4가지의 서로 다른 상태를 얻기 위해서는 플립플롭 두 개가 필요하게 된다.

또한, 표 7-1의 상태표에서 현재 상태와 다음 상태를 표시할 때 변수 A와 B를 사용하였는데, 현재 상태 A=1, B=1이라고 하는 것은 두 개의 플립플롭 중에서 플립플롭 A의 Q 출력, 즉 QA=1이고 플립플롭 B의 Q 출력, 즉 QB=1이라는 의미가 되는 것이다. 그리고, 외부 입력 X=1이 되면 플립플롭이 다음 상태인 QA=0과 QB=0으로 변화한다는 의미가 되는 것이다.

동기 순서회로에 사용되는 기본적인 기억소자 SR-플립플롭, D-플립플롭, T-플립플롭, JK-플립플롭이 있다. 이러한 플립플롭을 이용하여 논리회로를 설계하는 경우 중요한 것은 설계할 회로 특성에 알맞고 구현이 용이한 플립플롭을 선택해야 한다. 예를 들어서 카운터를 설계할 경우에는 회로의 특성상 주로 T-플립플롭을 이용하는 것이 유리하다.

여기에서 설명하는 예제 회로의 설계는 JK-플립플롭을 이용한다.

7-1-5 상태 여기표의 유도

플립플롭의 특성표는 순서회로의 동작을 분석하는 데 유용하게 이용된다. 즉, 회로의 입력과 현재 상태가 주어지면 다음 상태의 결과를 얻기 위해서 이 표를 이용한다. 한편, 순서회로의 설계에 있어서 현재 상태에서 다음 상태로의 전이(transition)를 알고 있을 때, 요구되는 전이를 일으키는 플립플롭의 입력 조건을 결정하여야 한다. 이러한 경우 주어진 상태 변화에 대해 요구되는 입력 조건을 결정하기 위한 표를 플립플롭의 여기표 (excitation table)라 한다. 4개의 플립플롭에 대한 여기표는 표 7-6과 같다.

표 7-6 4개의 플립플롭에 대한 여기표

Q(t)	Q(t+1)	SR-FF		D-FF	JK-FF		T-FF
		S	R	D	J	K	T
0	0	0	X	0	0	X	0
0	1	1	0	1	1	X	1
1	0	0	1	0	X	1	1
1	1	X	0	1	X	0	0

이 여기표에서 각 플립플롭은 현재 상태 $Q(t)$와 다음 상태 $Q(t+1)$에 대한 입력 조건을 가지고 있다. 이 표에서 알 수 있듯이 현재 상태에서 다음 상태로의 전이는 4가지 경우가 있으며, 각각의 플립플롭에 대한 입력 조건은 각 플립플롭의 특성표에 의해서 얻을 수 있다. 이 표에서 X는 1 또는 0을 가질 수 있는 무정의 조건을 나타낸다. 표 7-6의 SR-FF의 여기표에 대해서 생각해 보자. 그림 6-6(d)의 타이밍도에서 $Q(t)=0$인 경우 $Q(t+1)$은 S

=0, R=0이거나 S=0, R=1에 관계없이 플립플롭의 상태는 변화하지 않는다. 즉, R의 값은 0 이거나 1에 상관없이 Q(t+1)=0이 상태를 유지하므로 SR-FF의 첫 번째 행에 SR=0X으로 표시한다. 다음에 Q(t)=0에서 Q(t+1)=1로 천이하는 경우 SR=10이 되며, 1에서 0으로 천이하는 경우 SR=01이 된다. 마지막으로 Q(t)=1에서 Q(t+1)=1로 천이하는 경우 SR=00, SR=10인 조건이 필요하므로 마지막 행에 SR=X0으로 표시한다. 상기한 방법을 이용하면 나머지 플립플롭에 대한 여기표도 쉽게 유도할 수 있다.

여기서는 표 7-2의 상태표로부터 두 개의 JK-플립플롭의 입력 상태를 얻기 위한 상태 여기표는 표 7-7과 같다.

표 7-7 상태 여기표

조합회로의 입력		다음 상태		조합회로의 출력			
현재 상태	입력	A	B	플립플롭 입력			
A B	x			JA	KA	JB	KB
0 0	0	0	0	0	X	0	X
0 0	1	0	1	0	X	1	X
0 1	0	1	0	1	X	X	1
0 1	1	0	1	0	X	X	0
1 0	0	1	0	X	0	0	X
1 0	1	1	1	X	0	1	X
1 1	0	1	1	X	0	X	0
1 1	1	0	0	X	1	X	1

표 7-7의 여기표로부터 현재의 회로 상태가 외부 입력과 결합하여 다음 상태로 변화할 때 플립플롭의 입력에 어떤 값을 인가해야만 하는가를 한 눈에 알 수 있다. 예를 들어서 표 7-7의 여덟가지 상태 변화 중에서 A=1, B=1에서 A=0, B=0으로 상태 천이가 일어나는 경우에 대해서 생각해 보자. 두 개의 JK 플립플롭의 현재 상태가 QA=1, QB=1이고, 이 상태가 외부 입력 X=1과 결합하여 다음 상태인 QA=0, QB=0으로 변화하고 있는데, 각각의 플립플롭은 똑같이 Q=1에서 Q=0으로 변화한다. 결국 JK 플립플롭이 현재 상태 1에서 0으로 천이가 이루어지며, 표 7-6의 JK 플립플롭의 상태 천이표를 참고하면 JK 플립플롭의 입력이 각각 J=K, K=1이 되어야 함을 알 수 있다. 따라서 QA=1, QB=1에서

QA=0, QB=0이 되기 위해서는 두 개의 JK 플립플롭에 JA=X, KA=1, JB=X, KB=1이 입력되어야 한다. 나머지 상태 변화도 같은 방법으로 이해할 수 있다.

7-1-6 플립플롭의 출력 함수 및 회로의 입력 함수 유도

표 7-7과 같은 상태 여기표가 작성되면 조합 논리 회로의 설계에서 입출력 변수 간의 상관 관계를 동작표로 나타낸 것과 마찬가지이므로, 설계하고자 하는 순서 논리 회로의 필요한 함수(플립플롭의 입력 함수, 또는 조합 논리 회로의 출력 함수)를 부울함수로 표현할 수 있으며, 표현된 부울 함수를 대수적으로 정리하여 간소화시킬 수도 있고, 카노프 맵을 이용하여 간소화시킬 수도 있다.

표 7-7로부터 플립플롭의 입력 함수 JA를 최소항의 합으로 표시하면,

$$JA = A'Bx'$$

이며, 이것을 최대항의 곱으로 표시하면,

$$JA = (A+B+x)(A+B+x')(A+B'+x')$$

이다. JA를 최소항의 합이나 최대항의 곱으로 표현할 때 무정의조건은 '0' 또는 '1'이 되므로 포함시키지 않았으나 특별히 대수적으로 정리하는 데 필요하다면 포함시켜도 무관하다. 나머지 플립플롭의 입력 함수에 대해서도 같은 방법으로 표현할 수 있으나, 무정의조건이 많으므로 카노프 맵으로 표현하면 그림 7-5에 나타낸 것과 같으며, 카노프 맵으로부터 플립플롭의 입력 함수들은 다음과 같이 표현된다.

$$
\begin{aligned}
JA &= Bx' \\
KA &= Bx \\
JB &= x \\
KB &= Ax + A'x' \\
&= (A \oplus x)'
\end{aligned}
$$

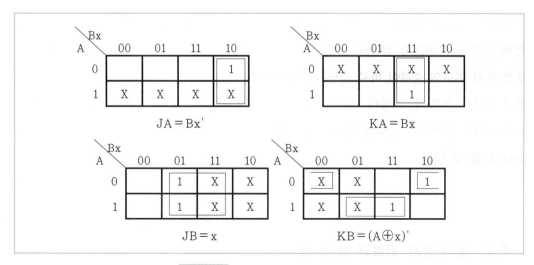

그림 7-5 조합 회로의 간소화 도표

7-1-7 논리 회로의 구현

입력 함수 JA를 최소항의 합으로 표현한 것과 비교하면 변수가 줄어들었으므로 카노프 맵으로 구한 것이 보다 간소화된 표현임을 알 수 있으며, 간소화된 입력 함수를 이용하여 전체 순서 논리 회로를 구현하면 그림 7-6과 같다.

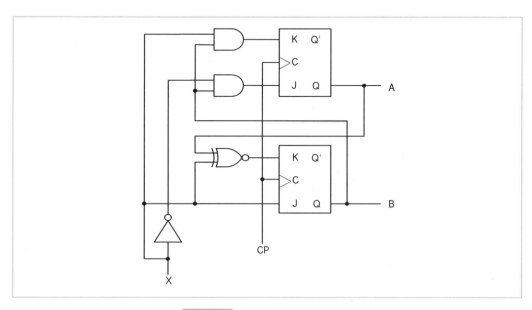

그림 7-6 순서 논리 회로의 구현

그림 7-6에 구현된 순서 논리 회로는 플립플롭의 현재 출력(QA, QB)이 외부 입력(x)과 함께 조합 논리 회로에 입력되어 조합 논리 회로의 출력(JK, KA, JB, KB)을 변화시키면, 조합 논리 회로의 출력이 바로 플립플롭의 입력이 되므로 플립플롭의 상태가 변화하는 회로가 된다는 것을 알 수 있다. 따라서, 순서 논리 회로를 설계한다는 것은 사용하는 플립플롭의 상태가 설계자의 요구에 따라 일련의 변화를 하도록 조합 논리 회로를 설계하는 것과 같다고 할 수 있다.

7-2 동기 순서 회로의 설계 예

제어 회로(control circuit)란 시스템이 정상적으로 동작하도록 신호를 발생시키는 장치를 말한다. 어떤 경우에는 컴퓨터의 중앙 처리 장치 내에 있는 제어 장치를 말하기도하지만, 이 절에서는 문제를 단순화시켜 디지털 데이터를 입력시키면 현재의 상태에 따라 클럭에 의하여 일정한 출력 데이터를 발생시키는 회로를 설계하기로 한다.

먼저 문제 분석을 통하여 그림 7-7에 나타낸 것과 같은 상태도를 얻었다고 가정하고 설계를 시작하기로 한다. 그림 7-7은 설계하고자 하는 순서 제어 회로의 필요한 상태 a, b, c, d, e가 외부 입력에 의하여 어떤 상태로 천이하는지를 나타내고 있다.

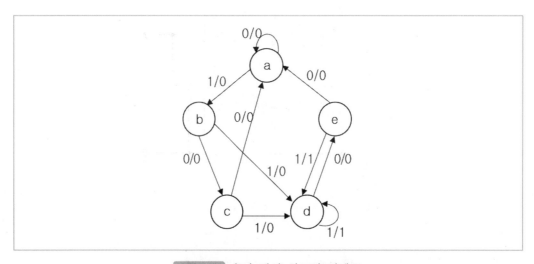

그림 7-7 순서 제어 회로의 상태도

그림 7-7의 상태도로부터 표 7-8과 같은 상태표를 작성한다.

표 7-8 순서제어 회로의 상태표

현재 상태	다음 상태		외부 출력	
	x=0	x=1	y=0	y=1
a	a	b	0	0
b	c	d	0	0
c	a	d	0	0
d	e	d	0	1
e	a	d	0	1

표 7-8에서 현재 상태가 a일 경우 외부 입력이 x=0(x=1)이면 다음 상태는 a(b)가 되며, 이때 외부 출력은 공히 y=0이 된다.

제어하려는 상태의 수는 5가지이므로 최소한 3비트가 필요하다. 현재상태 a, b, c, d, e에 각각 000, 001, 010, 011, 100을 할당하고, 3개의 SR-FF은 순서대로 A, B, C라고 정의한다.

현재의 상태가 다음 상태로 천이하기 위해서는 플립플롭에 어떠한 입력이 인가되어야 하는가를 조사하기 위하여 표 7-9와 같은 상태 여기표를 작성한다.

표 7-9의 상태 여기표에서 현재 상태가 c일 경우, 3개의 플립플롭 출력 Q는 QA=0, AB=1, AC=0인 상태에서 외부 입력이 x=1이 되면 다음 상태는 d로 천이되므로 플립플롭의 출력 Q는 QA=0, QB=1, QC=1가 된다.

표 7-9 순서제어 회로의 상태 여기표

	현재 상태	외부입력	다음 상태	플립플롭의 입력						외부출력
	A B C	x	A B C	SA	RA	SB	RB	SC	RC	y
a	0 0 0	0	0 0 0	0	X	0	X	0	X	0
	0 0 0	1	0 0 1	0	X	0	X	1	0	0
b	0 0 1	0	0 1 0	0	X	1	0	0	1	0
	0 0 1	1	0 1 1	0	X	1	0	X	0	0
c	0 1 0	0	0 0 0	0	X	0	1	0	X	0

	0 1 0	1	0 1 1	0 X X 0 1 0	0
d	0 1 1	0	1 0 0	1 0 0 1 0 1	0
	0 1 1	1	0 1 1	0 X X 0 X 0	1
e	1 0 0	0	0 0 0	0 1 0 X 0 X	0
	1 0 0	1	0 1 1	0 1 1 0 1 0	1
무정의 조건	1 0 1	0	X X X	X X X X X X	X
	1 0 1	1	X X X	X X X X X X	X
	1 1 0	0	X X X	X X X X X X	X
	1 1 0	1	X X X	X X X X X X	X
	1 1 1	0	X X X	X X X X X X	X
	1 1 1	1	X X X	X X X X X X	X

표 7-9와 같은 상태 여기표가 완성되면 부울대수의 간소화를 위하여 그림 7-8과 같은 카노프 맵을 구한다. 이 맵으로부터 플립플롭의 입력 함수와 외부 출력 함수를 구하면 다음과 같다.

$$SA = BCx'$$
$$RA = A$$
$$SB = Ax + B'C$$
$$RB = Bx'$$
$$SC = X$$
$$RC = X'$$
$$y = Ax + BCx$$

이들 함수를 이용하여 논리 회로로 나타내면 그림 7-9와 같은 논리 회로를 얻을 수 있다.

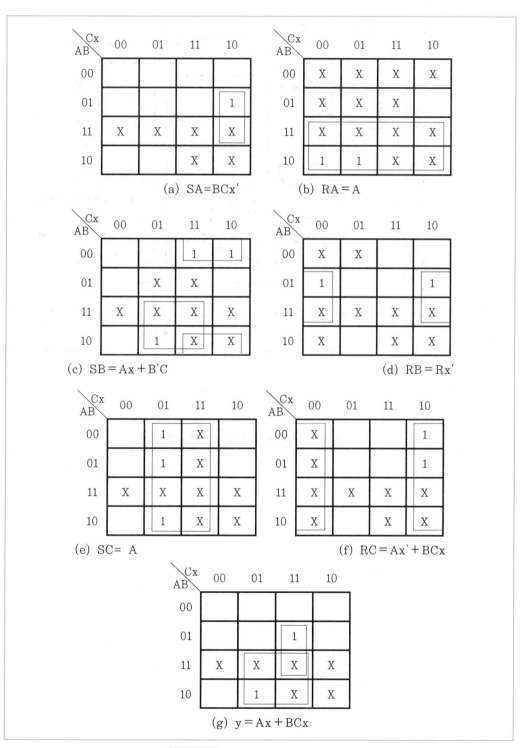

(a) SA=BCx'

(b) RA＝A

(c) SB＝Ax＋B'C

(d) RB＝Rx'

(e) SC＝ A

(f) RC＝Ax'＋BCx

(g) y＝Ax＋BCx

그림 7-8 순서 제어 회로의 상태도

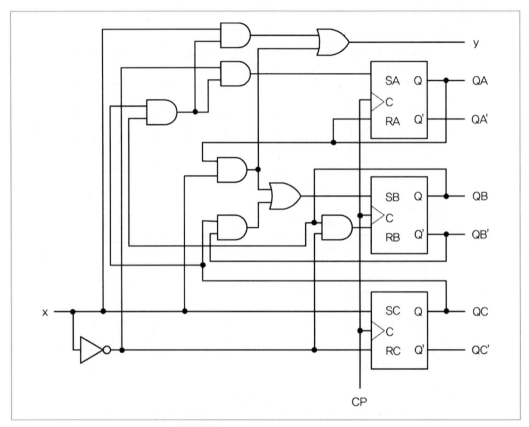

그림 7-9 순서제어 회로의 논리회로

연습문제

01 다음에 나타난 동기 순서 회로에 대한 상태표와 상태도를 작성하라.

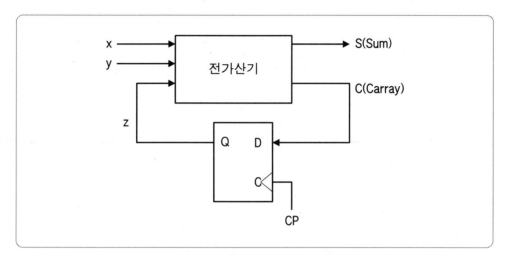

02 어떤 순서 회로는 두 개의 플립플롭(A, B)과 두 개의 회로 입력(x, y), 그리고 한 개의 출력(z)을 갖는다. A, B의 입력 함수와 회로의 출력 z의 함수는 다음과 같이 정의될 때 이 회로에 대한 논리도를 그리고, 또한 상태표와 상태도를 구하라.

$$JK = xB + y'B', \quad KA = xy'B', \quad JB = xA', \quad KB = xy' + A, \quad z = xyA + x'y'B$$

03 다음에 나타난 회로를 분석하여 부울함수를 유도하고, 상태표와 상태도를 구하라.

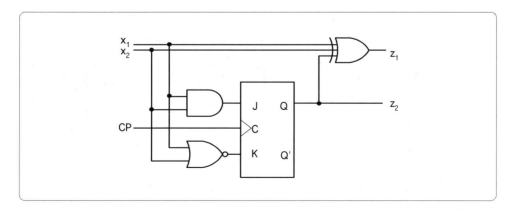

04 다음에 나타난 그림은 하나의 입출력을 갖는 동기 순서회로의 상태도를 나타낸다. T 플립
플롭을 이용하여 self-starting 회로를 그려라.

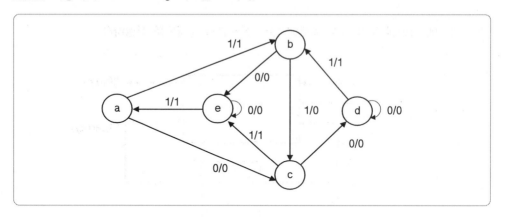

05 다음에 나타난 표를 이용하여 상태표를 축소하고, 축소된 상태표를 작성하라.

현재상태	다음상태/출력(z)	
	x=0	x=1
a	d/1	e/0
b	d/0	f/0
c	b/1	e/0
d	b/0	f/0
e	f/1	c/0
f	c/0	b/0

06 다음 나타난 그림은 5단 동기 2진 카운터를 나타낸다. 이 회로에 대한 타이밍도를 그리
고, 회로의 기능을 설명하라.

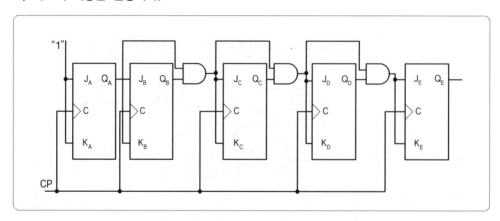

07 그림 7-6에 나타난 순서회로의 입력 x와 CP에 다음과 같은 파형을 인가했을 때 플립플롭 출력 A와 B에는 어떤 파형이 나타나는가?

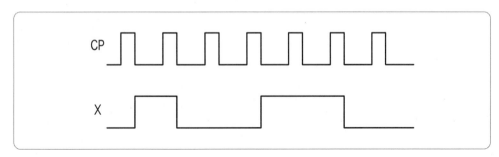

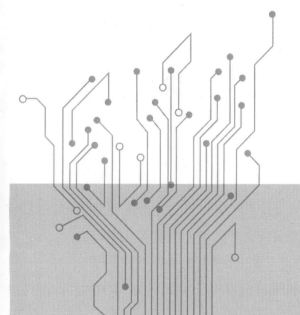

레지스터, 카운터

레지스터, 카운터

플립플롭은 1 비트의 정보를 저장, 유지할 수 있는 순서 회로이며, 이 들을 상호 결합하여 레지스터를 구성하고 있다. 레지스터는 CPU 내에서 사용되는 고속 저장 장소이며 일반 메모리보다 훨씬 빠른 속도로 접근할 수 있다. 프로그램이 실행되면 실행 파일이 메모리에 상주하면서 동작에 필요한 일부 데이터들이 CPU로 전달되게 되는데, 이 때 그 데이터들이 저장되는 곳이 바로 레지스터이다.

플립플롭의 다른 응용으로 입력되는 펄스의 수를 카운팅하는 계수기(카운터, counter)가 있다. 계수기가 계수한 이진수나 이진화 십진수가 디코더를 통해서 7 세그먼트 발광 다이오드에 표시되는 숫자로 변환하여 인간이 알아볼 수 있는 정보가 된다.

8-1 레지스터

8-1-1 4비트 레지스터

가장 간단한 형태의 레지스터는 외부 게이트를 갖지 않고 단지 플립플롭만으로 구성한 레지스터이다. 레지스터는 플립플롭의 그룹으로서 각 플립플롭은 한 비트의 정보를 저장할 수 있다. 따라서 n-비트 레지스터는 n개의 플립플롭으로 구성하고 n-비트 2진 정보를 저장할 수 있다. 레지스터는 플립플롭들 외에 특정한 데이터 처리를 수행하기 위하여 조합 게이트들을 부착하여 구성한다. 즉, 넓은 의미에서 레지스터는 여러 개의 플립플롭과 이들의 정보 변환에 영향을 주는 게이트들로 구성된다. 여기서 플립플롭은 2진 정보를 저장하며, 게이트들은 언제 어떻게 새로운 정보를 레지스터로 전송하는가를 제어한다.

예를 들어 4개의 D 플립플롭만으로 구성한 가장 간단한 형태의 레지스터는 그림 8-1과 같다. 여기서 공통 클럭 입력은 각 펄스의 상승 모서리에서 모든 플립플롭을 구동시키고 네 입력에 있는 2진 데이터를 4-비트 레지스터로 전송시킨다. 그러나 네 출력은 언제든 레지스터에 저장된 2진 정보를 얻기 위하여 판독할 수 있다. 그리고 클리어(clear) 입력은 네 개의 플립플롭의 R입력으로 연결되어 있으며 이 입력이 0으로 되면 모든 플립플롭은 비동기적으로 리셋된다. 따라서 클리어 입력은 클럭과 연결된 연산을 수행하기에 앞서서 레지스터를 0으로 클리어 시키기 위하여 사용한다. R입력은 클럭과 관련된 연산을 수행하는 동안에는 논리값을 유지해야 한다. 클럭 기호 CP와 입력 기호 D1은 클럭이 아닌 D입력을 구동시키는 것을 의미한다.

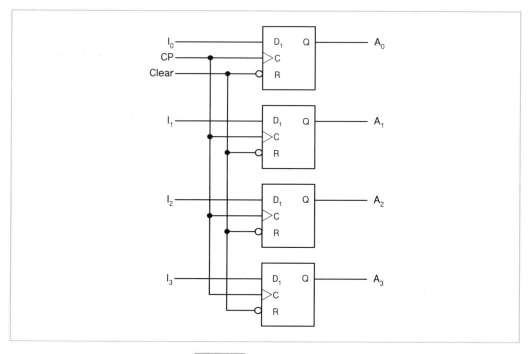

그림 8-1 4-비트 레지스터

레지스터에 새로운 정보를 전송하는 것을 레지스터에 로드한다(loading)라고 하며 만약에 레지스터의 모든 비트를 한 공통 클럭 펄스로 동시에 로드하였다면 이 로드는 병렬로 수행했다고 한다. 예를 들어 그림 8-1에서 레지스터에 CP를 인가하면 4개의 입력($I_0 \sim I_3$)을 병렬로 로드할 수 있다. 이러한 구조에서 레지스터 내용을 변화시키지 않고 그대로 유지시키려면 회로로부터 클럭을 차단해야만 한다. 대개의 디지털 시스템에서는 연속적인 클럭 펄스열을 제공하는 마스터 클럭 생성기(master clock generator)가 있어서 시스템 내의 모든 플립플롭과 레지스터에 클럭 펄스를 제공한다. 마스터 클럭은 시스템의 모든 부분에 연속적인 박자를 공급하는 펌프처럼 동작한다.

8-1-2 병렬 로드가 가능한 레지스터

대부분의 디지털 시스템은 연속적인 클럭을 공급하는 클럭 펄스 발생기를 가지고 있다. 모든 클럭 펄스는 시스템의 모든 플립플롭과 레지스터에 인가된다. 클럭 펄스 발생기는 시스템의 모든 부분에 일정한 맥박과 같은 신호를 제공하는 역할을 한다. 그 다음에 별도로 제어 신호는 어떤 규정된 클럭 펄스가 특정한 레지스터에 영향을 줄 것인가를 결정한다. 그러한 시스템에서 클럭 펄스는 제어 신호와 AND 처리되고, 그 AND게이트의 출력이 그림 8-1에 나타난 레지스터의 클럭 단자에 인가하게 된다.

게이트를 통해서 D입력으로 연결한 로드 제어 입력을 갖는 4-비트 병렬 레지스터 (4-bit register with parallel load) 논리도는 그림 8-2와 같다. 여기서 C입력은 어느 순간에도 클럭 펄스를 받을 수 있도록 되어 있으며 클럭 입력의 버퍼 게이트로 클럭 생성기가 요구하는 전력량을 감소시킬 수 있다. 즉, 버퍼를 사용하지 않고 클럭을 네 입력에 연결하였을 때 필요한 전력보다 클럭을 단지 하나의 입력 게이트에 연결하였을 때 필요한 전력이 좀 더 작기 때문에 버퍼 게이트를 사용한다. 레지스터의 로드(load)입력은 각 클럭 펄스와 함께 수행되는 동작이 어떤 것인가를 결정해 준다. 즉, 로드 입력이 1이면 네 입력 데이터는 클럭 펄스의 다음 상승 모서리에서 레지스터로 전송되고, 로드 입력이 0이면 입력 데이터는 차단되고 플립플롭의 D입력이 출력으로 연결된다. 또한 출력으로부터 입력으로의 귀환 경로 연결은 D플립플롭이 불변화 조건(no change condition)을 갖지 않기 때문에 필요한 것으로 각각의 클럭 펄스 마다 D입력은 출력의 다음 상태를 결정하게 된다. 따라서 출력을 변화시키지 않기 위해서는 D입력을 출력의 현재값과 같게 하는 것이 필요하다. 또한 로드 입력으로 다음 펄스에서 새로운 정보를 받을 것인지, 아니면 레지스터 정보를 그대로 유지할 것인지를 결정할 수 있다. 그리고 입력으로부터 레지스터의 정보 전송을 한 펄스 천이 동안에 4-비트 만큼 병렬로 동시에 수행할 수 있다.

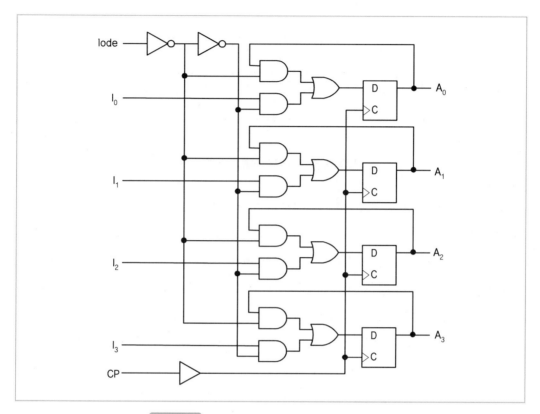

그림 8-2 병렬로드가 가능한 4-비트 레지스터

8-1-3 쉬프트 레지스터

2진 정보를 왼쪽 또는 오른쪽으로 자리를 이동시킬 수 있는 레지스터를 쉬프트 레지스터 (shift register)라고 한다. 쉬프트 레지스터의 논리적 구조는 직렬로 플립플롭을 연결한 것으로 한 플립플롭의 출력을 다음 플립플롭의 입력에 연결한 것이다. 모든 플립플롭은 한 상태에서 다음 상태로의 쉬프트를 시작하게 하는 공통 클럭 펄스를 갖는다.

간단한 쉬프트 레지스터는 그림 8-3에서와 같이 D 플립플롭이 직렬 연결된 것이다. 각 클럭 펄스는 레지스터 내용을 한 비트씩 오른쪽으로 이동시킨다. 직렬 입력은 가장 왼쪽에 있는 플립플롭의 입력 단자 SI (Sirial Input)에 입력되고 직렬 출력은 가장 오른쪽 플립플 롭의 출력 단자 Q에 출력된다. 하나의 플립플롭 마다 비트 이동을 규정할 경우에는 클럭펄 스의 입력을 제어하면 된다. 그림 8-3은 오른쪽 방향으로 이동하는 레지스터이지만 왼쪽으 로 이동하는 레지스터를 설계할 경우에는 이 그림을 역으로 놓고 보면 좌측 이동이 된다.

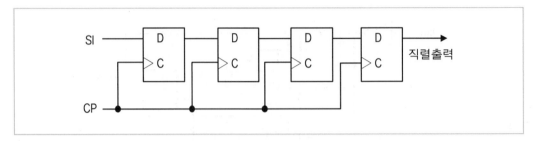

그림 8-3 4-비트 쉬프트 레지스터

디지털 시스템이 한 번에 한 비트식 정보를 전송하고 연산할 때 이 디지털 시스템은 직렬 방식으로 동작한다고 한다. 즉, 직렬 전송(serial transfer)에서는 한 레지스터에서 다음 레지스터로 비트를 쉬프트함으로써 한 번에 한 비트씩 정보를 전송하게 된다. 이 점이 레지스터의 모든 비트들을 동시에 전송하는 병렬 전송과 비교되는 점이다. 쉬프트 레지스터 A(R_A)에서 레지스터 B(R_B)로 정보의 직렬 전송은 그림 8-4(a)와 같이 쉬프트 레지스터를 통해 수행된다. 4-비트의 소스 레지스터(source register) R_A의 직렬 출력은 목적지 레지스터(destination register) R_B의 직렬 입력에 연결되어 있고, 데이터가 R_B로 전송되는 동안에는 R_A의 직렬 입력(IN)을 받아들이게 된다. 물론 R_A가 다른 2진 정보를 받아들이게 하거나, 또는 R_A의 직렬 출력을 다시 직렬 입력에 연결시킴으로써 R_A의 데이터를 그대로 유지하게 할 수도 있다. R_A의 초기 내용은 직렬로 외부로 쉬프트되기 때문에 세 번째의 레지스터로 전송하지 않으면 그 데이터는 잃어버리게 된다.

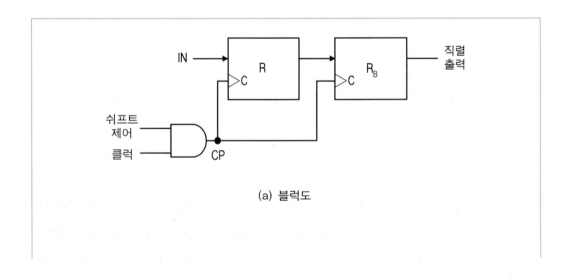

(a) 블럭도

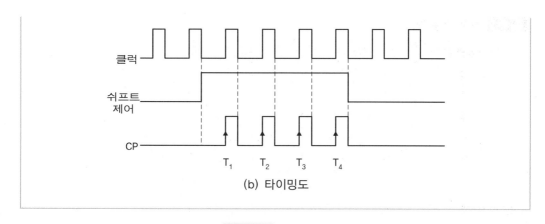

그림 8-4 직렬 전송

　데이터를 레지스터로 쉬프트 할 때에는 쉬프트 제어 입력을 통하여 결정되며 쉬프트 제어가 활성(active) 상태에 있을 때만 클럭 펄스에 의해서 쉬프트가 가능하다. 여기서 각각의 쉬프트 레지스터가 4가지 상태를 가질 때, 전송을 위한 제어 장치는 4클럭 펄스의 고정된 시간 동안에 쉬프트 제어 입력을 통해 쉬프트 레지스터를 동작할 수 있도록 설계되어져야 하며, 이 타이밍도는 그림 8-4(b)와 같다. 여기서 쉬프트 제어(shift control) 신호는 클럭에 의해 동기화되고, 펄스의 음의 전이(하강 모서리)에서 값이 변하게 됨을 알 수 있다. 쉬프트 제어 신호가 활성 상태로 된 다음의 클럭 펄스들은 AND게이트에서 결합하여 레지스터의 CP입력으로 연결되는데 AND게이트 출력으로 T_1, T_2, T_3, T_4의 네 펄스 열을 생성하게 되고, 이러한 펄스의 각 양의 전이(상승 모서리)로 두 레지스터에서 데이터 전송이 일어나게 된다. 네 펄스 후에 쉬프트 제어는 클럭의 하강 모서리에 따라 0으로 떨어지면 쉬프트 레지스터는 동작하지 않는다. 따라서 쉬프트할 데이터 비트의 수는 쉬프트 제어 입력에 의해서 결정된다는 것을 알 수 있다. 예를들어 쉬프트가 발생하기 전의 R_A의 2진 내용을 1011이라 하고, B의 내용을 0010이라고 하면, A에서부터 B로의 직렬 전송은 표 8-1과 같이 4 단계로 발생한다. 첫번째 펄스 T_1에 의해서 A의 가장 오른쪽 비트가 B의 가장 왼쪽 비트로 쉬프트되고, 동시에 A의 가장 왼쪽 비트에는 직렬 입력으로부터 0을 받아들이고, 또한 A와 B의 다른 비트들은 오른쪽으로 한 비트씩 순서적으로 쉬프트하게 된다. 나머지 펄스에서도 똑 같은 방법으로, A로 0을 전송하는 동안 한 번에 한 비트씩 A에서 B로 쉬프트 된다. 네 번의 쉬프트가 끝난 후에는 쉬프트 제어는 0으로 떨어지므로 쉬프트 동작은 중단하게 된다.

표 8-1 직렬 전송 예

타이밍펄스	R_A				R_B			
초기값	1	0	1	1	0	0	1	0
T_1 후	0	1	0	1	1	0	0	1
T_2 후	0	0	1	0	1	1	0	0
T_3 후	0	0	0	0	0	1	1	0
T_4 후	0	0	0	0	1	0	1	1

결국 R_B에는 A의 초기값인 1011이 저장되고, R_A의 모든 비트는 0값을 갖게 된다. 이 예를 통하여 직렬과 병렬 전송의 차이를 명백히 알 수 있다. 병렬 방식에서는 레지스터에 있는 모든 비트의 정보가 유용한 정보로서, 전체 비트는 한 클럭 펄스로 동시에 전송하게 되나, 직렬 방 식에서는 하나의 직렬 입력과 하나의 직렬 출력을 갖고서 같은 방향으로 쉬프트하는 동안 한 번에 한 비트씩 전송하게 된다.

8-1-4 병렬 로드가 가능한 쉬프트 레지스터

만약 쉬프트 레지스터를 구성하는 모든 플립플롭에 대해 동시에 모두 접근할 수 있다면, 쉬프트 연산으로 직렬로 입력시킨 정보 비트들을 각 플립플롭의 출력으로부터 일시에 병렬로 뽑아낼 수도 있다. 또한 쉬프트 레지스터에 병렬 로드 능력을 추가한다면, 병렬로 입력시킨 데이터를 레지스터 내에서 쉬프트하여 직렬 형태로 출력할 수도 있다. 따라서 병렬 로드가 가능한 쉬프트 레지스터(shift register with parallel load)는 병렬로 입력시킨 데이터를 직렬 형태로 전송하기 위하여, 또는 그 반대로 전송 형태를 변환하기 위하여 사용할 수 있다.

병렬 로드가 가능한 4-비트 쉬프트 레지스터의 논리도는 그림 8-5와 같다. 여기서 두 개의 제어 입력 중 하나는 쉬프트 입력을 위한 것이고, 다른 하나는 로드를 위한 제어 입력이다. 이 그림에서 레지스터는 4-비트($A_0 \sim A_3$) 출력단으로 구성되어 있고, 각 단은 D 플립플롭 한 개, OR 게이트 한 개, 그리고 AND게이트 세 개로 이루어져 있다. 세 AND게이트 중 처음의 AND게이트는 쉬프트 연산을 구동시키고, 두 번째 AND게이트는 입력 데이터를 구동시키며, 세 번째 AND게이트는 아무 연산이 없을 때 레지스터 내용을 원래의 상태로 유지하는 역할을 한다.

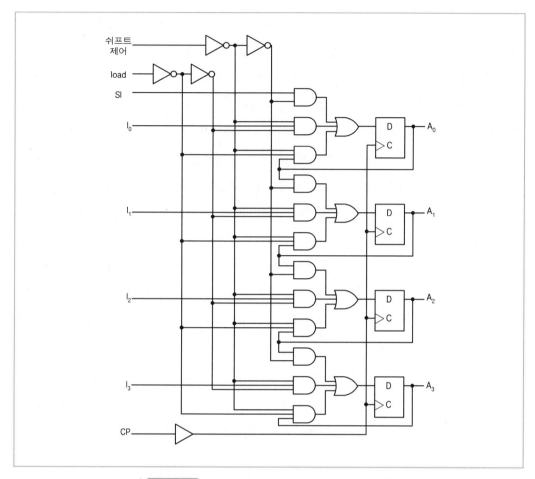

그림 8-5 병렬 로드가 가능한 쉬프트 레지스터

레지스터 동작 기능은 표 8-2와 같다. 우선 쉬프트와 로드 제어 입력이 모두 0일 때에만
세 번째 AND게이트가 구동되어 각 플립플롭의 출력이 다시 D입력으로 들어가게 된다. 즉,
클럭의 상승 모서리에서 레지스터 출력이 다시 입력되어, 출력은 변화 없이 같은 상태를
유지하게 된다.

표 8-2 그림 8-5의 레지스터 기능표

쉬프트 제어	load	연산
0	0	변화하지 않음
0	1	병렬 데이터 로드
1	X	A_0에서 A_3 쉬프트 다운

쉬프트 제어 입력이 0이고 로드 입력이 1일 때에는 각 단의 둘째 AND게이트가 구동되어, 입력 데이터($I_0 \sim I_3$)가 각각 대응하는 플립플롭의 D입력에 연결되어 다음 클럭의 상승 모서리에서 입력 데이터는 레지스터에 전송된다. 다음 쉬프트 입력이 1일 때에는 각 단의 처음 AND게이트만은 load의 입력과 관계없이(X로 표시) 구동되고 나머지 둘은 구동 불능 상태가 되어 로드 제어 입력이 AND가 되는 두 번째 게이트는 구동하지 않는다.

쉬프트 연산은 직렬 입력으로부터 데이터를 받아 플립플롭 A_0의 입력에 전송하고, A_0의 데이터는 플립플롭 A_1 입력으로 전송하는 방식으로, 다음 단의 경우도 마찬가지로 수행한다. 그러면 다음 번 클럭의 상승 모서리에서 레지스터의 내용은 처음 단으로 직렬 입력이 들어오면서 아래로 쉬프트하게 된다. 따라서 상단에서 하단(좌에서 우로)으로 쉬프트 동작이 수행된다.

쉬프트 레지스터는 흔히 서로 떨어져 있는 디지털 시스템의 접속에 사용한다. 예를 들어, 두 지점 사이에 n-비트 만큼을 전송할 필요가 있으나 거리가 멀리 떨어져 있으면 병렬로 전송하기에는 비용이 많이 들기 때문에, 하나의 선을 사용하여 한 번에 한 비트씩 직렬로 전송하는 것이 경제적이다. 이러한 경우에 송신기는 병렬로 n-비트의 데이터를 받아서 한 개의 선을 통해서 직렬로 전송하고, 수신기는 이 데이터를 직렬로 받아들여 n-비트가 모두 차게 되면 병렬로 출력한다. 이러한 응용에서는 송신기는 데이터의 병렬-직렬(parallel-to-serial) 변환을, 수신기는 직렬-병렬(serial-to-parallel) 변환을 수행해야 한다.

8-1-5 양 방향 쉬프트 레지스터

한 방향으로만 쉬프트가 가능한 레지스터를 단 방향 쉬프트 레지스터(unidirectional shift register)라고 하고, 양 방향으로 쉬프트가 가능한 레지스터를 양 방향 쉬프트 레지스터(bidirectional shift register)라 한다. 병렬 load가 가능한 4-비트 양 방향 쉬프트 레지스터는 그림 8-6과 같다. 각 단은 D 플립플롭과 4*1 MUX로 구성되어 있다. 두 개의 선택 입력 S_0, S_1는 MUX의 입력 중 하나를 선택하여 D플립플롭 입력에 전달한다. 즉, 선택선은 표 8-3의 기능표에 따라 다음과 같이 레지스터의 연산 종류를 제어한다.

$S_0 S_1 = 00$일 때는 MUX의 입력 0을 선택하여, 각 플립플롭의 출력에서 같은 플립플롭의 입력으로 경로를 구성한다. 따라서 다음 클럭에서 이미 가지고 있던 플립플롭의 상태가 다시 입력되어, 결국 플립플롭 상태는 변하지 않고 현상태를 유지한다.

$S_1S_0 = 01$일 때에는 MUX의 입력 1이 선택되어 D플립플롭의 입력으로 전달하는 경로를 구성하여 쉬프트 다운(또는 shift right) 연산을 수행한다. 즉, 직렬 입력이 MUX의 처음 단으로 전송되고, A_0의 내용은 A_1을 통하여 A_3로 전송된다.

$S_1S_0 = 10$일 때에는 쉬프트 업(또는 shift left) 연산을 수행한다. 즉, A_3의 내용이 A_0로 전송된다.

마지막으로 $S_1S_0 = 11$일 때에는 각 병렬 입력의 2진 정보가 플립플롭으로 전송되어 병렬 로드 연산을 수행한다.

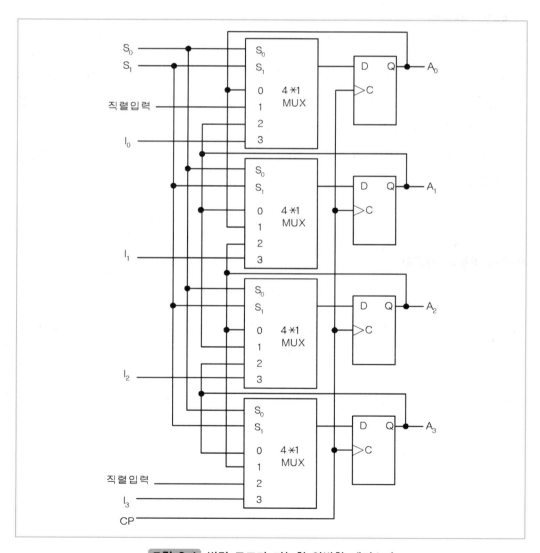

그림 8-6 병렬 로드가 가능한 양방향 레지스터

표 8-3 그림 8-6의 레지스터에 대한 기능표

S_1	S_0	기능
0	0	변화하지 않음
0	1	쉬프트 다운
1	0	쉬프트 업
1	1	병렬 로드

8-2 카운터

카운터는 본질적으로 클럭 펄스에 따라 미리 정해진 순서대로 상태를 변화시키는 레지스터라 할 수 있다. 이를 위하여 카운터 내의 게이트들은 미리 예정된 2진 상태의 순서를 산출하도록 연결되어 있다.

카운터의 구성에서 기본이 되는 것은 T(Toggle) 플립플롭이며, 이것은 D 플립플롭이나 JK 플립플롭을 사용하여 구성할 수 있다.

8-2-1 비동기 카운터

비동기 카운터(asynchronous counter)는 아래 단(좌측)에서 윗단(오른쪽)으로, 순차 클럭 신호를 전해가는 카운터를 말하며 이를 리플 카운터(ripple counter)라고도 한다.

그림 8-7(a)는 T 플립플롭을 2단으로 접속하여 구성된 2비트(4진) 비동기 Up 카운터를 나타내며, 8-7(b)는 그의 타이밍도를 나타낸다.

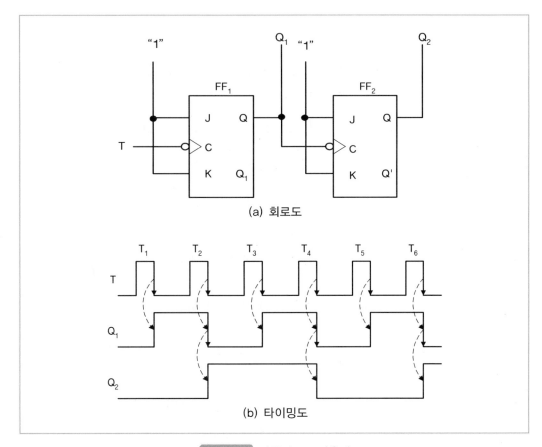

(a) 회로도

(b) 타이밍도

그림 8-7 비동기 UP 카운터

이 회로는 FF_1의 출력 Q_1이 FF_2의 클럭 신호로 사용되고 있다. 그리고, 클럭의 하강에서 각각의 출력이 반전하므로 그림 8-7(b)와 같이 동작하게 된다. 그림 8-7(b)에서 출력을 Q_2Q_1로 논리 레벨로 표현하여 배열하면 $00 \rightarrow 01 \rightarrow 10 \rightarrow 11 \rightarrow 00$으로 변화하고 있기 때문에 입력한 클럭의 수를 2진수로 표시하고 있음을 알 수 있다. 이와 같이 T플립플롭을 다시 n단 접속하면 2^n진(n 비트 2진) 카운터를 구성할 수 있어 입력 클럭의 수를 0부터 2^n-1까지 계산할 수 있다.

리플 카운터는 앞단 플립플롭의 출력을 다음 단의 클럭 입력으로 사용하므로 여러 단을 접속할 경우 뒷단으로 갈수록 지연이 축적되므로 첫단에 입력 클럭이 들어와도 어느 정도 시간이 경과하지 않으면 출력 전체의 카운트 값이 되지 않게 된다(그림 8-8).

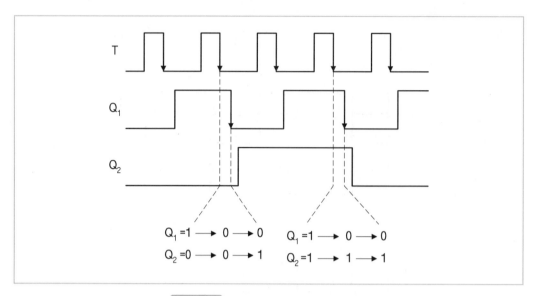

그림 8-7 비동기 카운터의 지연 발생

그림 8-8에서 알 수 있듯이 입력 클럭이 가해지고부터 Q_2Q_1이 반전하여 안정하기까지 01에서 10으로 옮기는 과정에서 01 → 00 → 10과 같이 본래 불필요한 값이 생성되므로 카운트 값을 다른 회로에서 이용할 경우에는 이러한 과도 시간을 고려하지 않으면 안된다.

이상에서 설명한 것과 같이 플립플롭 1단의 지연 시간을 t_{pd}로 하면 n단으로 이루어지는 카운터로는 지연 때문에 사용 불능의 기간이 $t_{pd} * n$으로 된다. 이것은 리플 카운터의 큰 결점이지만 비동기 카운터는 회로의 구조가 간단하며, 높은 클럭 주파수로 동작시킬 수 있는 장점을 가지고 있다. 비동기 카운터에서는 뒷단으로 갈수록 플립플롭의 주파수는 1/2씩 줄어들기 때문에 맨 앞단 또는 2 단째의 플립플롭을 높은 클럭 주파수로 동작하도록 설계하면 된다.

그림 8-7에서 설명한 카운터는 클럭이 입력되면 값이 하나씩 증가하므로 Up카운터라 하고 이와 반대로 값이 하나씩 줄어가는 카운터를 Down카운터라 한다. Down카운터는 어떤 방법으로 카운터에서 어떤 정해진 값을 세트해 두고, 클럭이 들어올 때마다 하나씩 수를 빼서 값이 0으로 되면 멈추는 기능을 구성하는 데 사용한다.

[예제 8-1] 8진 비동기 Down 카운터를 설계하라.

풀이 8진 리플 Down카운터를 설계하면 그림 8-9(a)와 같으며 타이밍도는 그림 8-9(b)와 같다. 이 회로는 Up카운터의 Q출력 대신 Q' 출력을 다음 단 클럭 단자에 접속하면 된다. 이 동작은 그림 8-9(b)와 같이 Q' 출력의 하강 부분, 즉 출력의 상승에 상당하는 부분에서 다음 단 플립플롭을 반전시키고 있다. 따라서, 111 다음은 000이 아니고 110 으로 되어서 값이 줄어들게 된다. 따라서, Up카운터에서 Q' 단자가 붙어 있는 카운터를 그대로 Down카운터에도 쓸 수 있다.

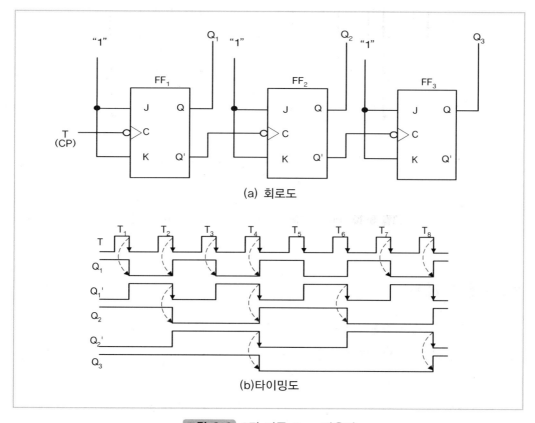

(a) 회로도

(b)타이밍도

그림 8-9 8진 리플 Down카운터

또 그림 8-10(a)와 같이 양의 전이(PGT)에서 동작하는 플립플롭을 사용한 경우 그림 8-10(b)와 같이 역시 Down카운터의 동작이 된다.

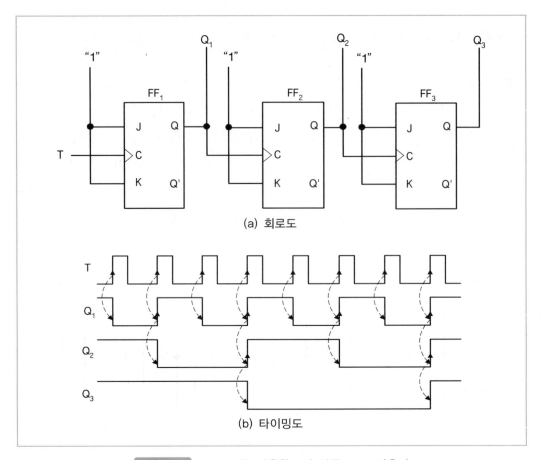

(a) 회로도

(b) 타이밍도

그림 8-10 PGT CP를 사용한 8진 리플 Down카운터

8-2-2 동기 카운터

동기 카운터가 리플 카운터와 다른 점은 클럭 펄스가 모든 플립플롭에 공통으로 입력된다는 것이다. 공통 클럭은 리플 카운터에서와 같이 한 번에 하나씩이 아니라 동시에 모든 플립플롭을 동작 시킨다.

그림 8-11(a)는 간단한 4진의 동기 카운터를 나타내며, 그림 8-11(b)는 타이밍도를 나타낸다.

이 회로는 두 개의 풀립플롭의 CP단자에 동일 클럭이 입력되어 동시에 동작하도록 되어 있다. 그림 8-11(b)에서 플립플롭 FF_1은 Q_1이 1일 때 출력 Q_2Q_1은 01과 11이 된다. 이때 Q_2Q_1이 01일 때는 다음의 클럭(T_2)으로 FF_2, FF_1 모두 동시에 반전하여 10으로 되고 11일

때도 양쪽이 반전하여 00이 된다.

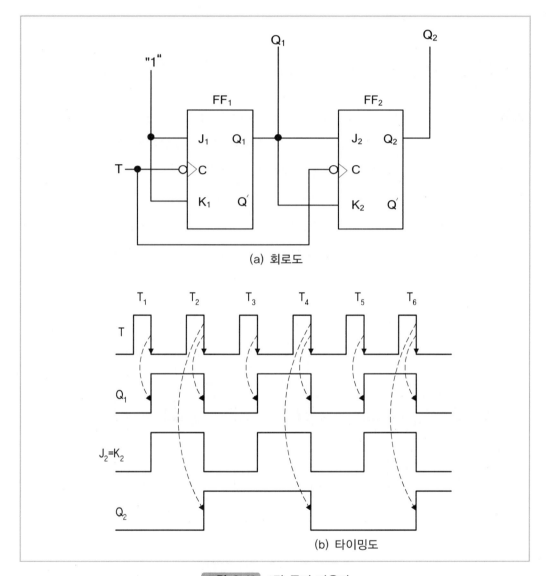

(a) 회로도

(b) 타이밍도

그림 8-11 4진 동기 카운터

한편, Q_1이 0일 때는 J_2와 K_2가 0이고 FF_2는 다음 클럭으로 반전하지 않는다. 따라서, Q_2Q_1이 00일 때는 다음 클럭(T_5)으로 01, 10일 때 11이 된다. 따라서 이 그림은 4진 카운터로 동작한다는 것을 알 수 있다.

3단 이상의 동기 카운터의 경우도 원리는 같으며, 자기보다 앞 단에있는 플리플롭이 모두 1이면 다음 클럭에 의해서 반전하게 된다.

[예제 8-1] 16진 동기 Up카운터를 설계하라.

풀이 클럭펄스가 하강 모서리에서 동작하는 16진 (4비트 2진) 동기 up카운터는 그림 8-12와 같다. 이 회로에서 3번째 단, 4번째 단의 플립플롭은 앞에 있는 플립플롭이 모두 1이 됨을 AND게이트에서 검출하고 그것을 J, K단자에 설계하면 된다.
동기 카운터는 비동기 카운터에 비해 여분의 AND게이트를 여분으로 필요 하며, 단수가 늘어나면 뒷단으로 갈수록 다 입력의 AND게이트가 필요하게 된다. 그래서 AND게이트의 입력 단자수를 줄인 동기 카운터도 고안되고 있다.

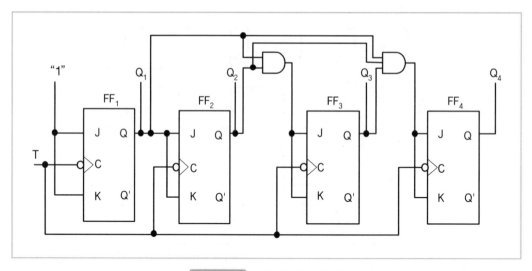

그림 8-12 16진 동기 카운터

디지털 시스템에서 카운터를 설계할 때 주요한 사항은 지연과 클럭 주파수이다. 비동기 카운터는 뒷단으로 갈수록 지연이 축적되므로 카운트의 값을 꺼낼 때 이 지연을 고려하여 타이밍을 결정해야 한다. 그러나, 동기 카운터에서는 전체가 하나의 클럭으로 동작하므로 지연이 거의 없는 안정된 회로를 설계할 수 있다.

연습문제

01 4-비트 쉬프트 레지스터의 처음 내용은 1101이었다. 레지스터의 내용은 여섯 번 오른쪽으로 쉬프트되었고, 그 때의 직렬 입력은 1011101이었다. 한 비트씩 쉬프트시킬 때마다 각 레지스터의 내용은 어떻게 되었는가?

02 양의 전이(상승 에지)에서 동작하는 JK 플립플롭을 사용하는 4-비트 2진 리플 카운터의 블록도를 그리고, 타이밍도를 작성하라.

03 JK 플립플롭을 이용하여 다음과 같이 반복되는 2진 카운터를 설계하라.

　(1) 0, 1, 2, 3　　　　　　(2) 6, 5, 4, 3, 2, 1, 0

04 T 플립플롭을 이용하여 다음과 같이 반복되는 2진 카운터를 설계하라.

　(1) 3, 2, 1, 0　　　　　　(2) 0, 1, 3, 2, 6, 4, 5, 7

06 양의 전이(상승 에지)에서 동작하는 4-비트 2진 리플 Down카운터를 설계하라.

07 다음과 같은 회로에서 카운터의 진행 순서는 어떻게 되는가?

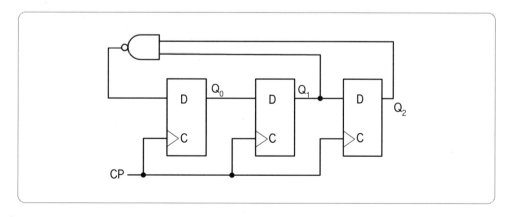

08 다음에 나타난 그림은 5단 동기 2진 카운터를 나타낸다. 이 회로에 대한 타이밍도를 그리고 회로 기능을 설명하라.

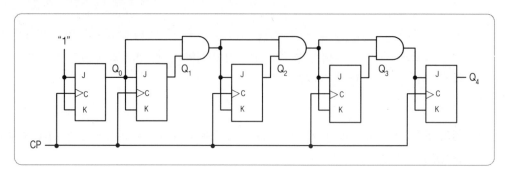

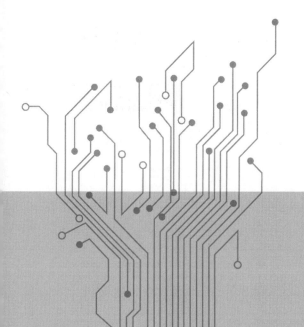

제9장

메모리

디지털 시스템에서 디지털 데이터를 저장하기 위해서는 메모리를 사용해야 한다. 메모리는 데이터의 한 비트를 저장하기 위해서 셀(cell)이라 부르는 저장 요소(storage element)를 사용한다. 일반적으로 메모리가 저장할 수 있는 총 비트수는 용량(capacity)이라 하며, 그 용량은 바이트(byte) 형태로 정의된다.

반도체 메모리에는 기본적으로 ROM과 RAM이 있다. 데이터가 영구적이나, 반영구적으로 저장되는 ROM은 읽기전용 메모리(Read Only Memory)로서 메모리부터 데이터를 단지 읽을 수만 있다. 다시 말해서, ROM에 저장된 데이터는 사용자에 의해서 프로그래밍 되므로 변경할 수 없다(쓰기 동작 불가능). 사용자가 원하는 소자를 만들기 위해서 퓨즈를 끊는 것을 프로그래밍이라고 하며, 프로그래밍이 가능한 장치를 이용하여 프로그래밍을 행한다. ROM은 비휘발성이므로 전원이 제거되어도 저장된 데이터는 남게 된다.

PLA는 개념적으로 ROM과 비슷하지만, PLA는 변수의 완전한 디코딩을 제공하지 않으며, ROM에서와 같이 모든 최소항을 생성하지 않는다. PAL은 프로그래밍이 가능한 AND 배열과 고정된 OR 배열로 이루어진다.

ROM으로 조합 회로를 실현할 경우 조합 회로에서 사용하지 않는 무정의 조건이 발생한다. 이러한 무정의 조건은 결코 발생하지 않는 주소의 입력이 되므로 이는 이용 가능한 장치의 낭비를 초래한다. 따라서 무정의 조건이 많이 포함되어 있는 조합 회로는 PLA(Programmable Logic Array)를 이용하여 설계하는 것이 보다 경제적이라 할 수 있다.

한편 RAM(Ramdon Access Memory)은 읽기와 쓰기의 두 가지 능력을 가지고 있다. RAM은 메모리 내의 어떤 위치에서도 읽거나 쓰기가 가능하기 때문에 Ramdom Access라는 말이 사용되고 있다. RAM은 휘발성 메모리이므로 전원이 꺼지게 되면 데이터는 잃어 버리게 된다.

최근, MOS트랜지스터를 사용한 플래시(Flash) 메모리가 EEPROM의 집적도 한계를 극복하기 위해서 사용되고 있다. 플래시 메모리는 비휘발성 메모리이면서 전기적인 방법으로 정보를 자유롭게 입출력할 수 있을 뿐 만 아니라 프로그래밍도 쉽고 빠르게 할 수 있는 이점이 있다.

플래시 메모리는 기존 EEPROM셀의 구성과 동작을 변형한 것으로 RAM과 ROM의 중간 적인 위치를 가진다.

플래시 메모리는 또 기억 단위가 섹터로 분할되어 포맷되는 디스크 형 보조기억 장치와 그 구조 가 유사하다. 현존하는 기억장치의 특징 거의 대부분을 갖춘 메모리가 플래쉬 메모리인 것이다.

이 장에서는 ROM, PLA, RAM, 그리고 플래시 메모리 등과 같은 메모리 소자의 구성에 대해서 설명한다.

9-1 ROM

ROM(Read Only Memory)은 사용자에 의해 프로그램된 2진 정보의 집합이 저장되어 있는 읽기 전용 기억 소자이다. ROM은 내부에 프로그램이 가능하도록 퓨즈가 가능한 링 크(fusible link)들을 가지고 있으며, 요구된 회로를 구성하기 위해서 이 링크들은 끊어지 거나 연결된 채 남게 된다. 일단 ROM이 완성되면 전원의 on, off에 관계없이 항상 일정한 정보를 가지게 된다.

$2^n * m$ ROM은 m개의 OR 게이트의 어레이(array)와 $n*2^n$ 디코더를 포함한 LSI 소자이 며, 그림 9-1(a)와 (b)는 각각 ROM의 기본 구조 및 블럭도를 나타낸다.

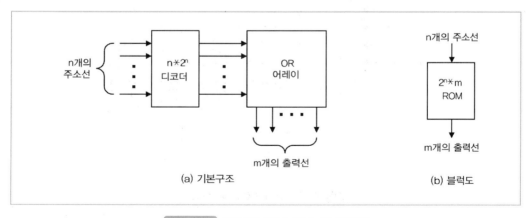

그림 9-1 ROM의 기본 구조 및 블럭도

ROM에 사용하는 디코더는 n개의 입력 변수에 대한 2^n개의 최소항을 만드는 데 사용한다. 따라서 n개의 입력 변수를 가진 ROM은 2^n개의 서로 다른 주소를 가지며, 하나의 주소에 대해 단 하나의 워드가 대응된다. 여기서 입력 변수들에 대한 각각의 비트 조합은 메모리의 주소(address)가 되고 출력선에서 나오는 각 비트 조합은 워드(word)라고 부른다. 이때 이 워드는 입력된 주소에 저장된 데이터 비트로 구성되어있다.

따라서 2^n개의 서로 다른 주소들을 가지고 있는 ROM은 2^n개의 서로 다른 워드를 저장할 수 있다. 임의의 시간에 출력선에 나타나는 워드는 입력선에 주어진 주소에 따라 결정된다. 일반적으로 ROM은 2^n개의 워드와 각 워드당 m개의 비트로 표현된다.

예를 들어, 16*8 ROM은 16개의 워드를 가지며, 각 워드 당 8비트의 데이터를 저장할 수 있다. 따라서 이 장치는 16개의 워드를 형성하기 위해서는 $2^4=16$에 의해 4개의 입력선과 8개의 출력선이 필요하다. 이때 출력선에 나타나는 워드(8비트의 데이터)는 4개의 입력선으로부터 선택되는 주소에 의해서 결정된다. 만약 입력 주소가 0001이면 1의 주소로 지정된 워드가 선택되어 출력선에 나타난다. 또한 주소가 1111이면 15의 주소로 지정된 워드가 선택된다.

ROM은 내부적으로 디코더로서 연결된 AND게이트와 여러개의 OR게이트로 구성되어 있다. 그림 9-2는 32*4 ROM에 대한 논리도를 나타낸다.

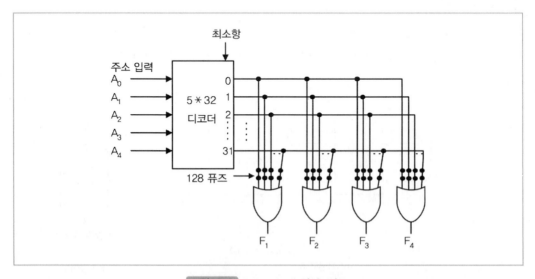

그림 9-2 32*4 ROM의 논리도

디코더는 5개의 입력 변수를 가지므로 32개의 AND게이트와 5개의 인버터를 이용하여 32개의 주소(10진수 표시되어 있음)를 만들어 낸다. 이 주소들은 퓨즈를 통하여 OR게이트에 접속되어 있으며, 디코더는 32개의 주소 중에서 하나만을 선택하게 된다.

각 OR게이트는 32개의 입력을 가지며, 퓨즈를 통하여 원하는 출력을 프로그램할 수 있다. 따라서 32*4 ROM은 5개의 입력 변수들에 의해 32개의 최소항을 생성한 후, 1워드가 4비트로 구성된 4개의 출력 $F_n(n=1, 2, 3, 4)$ 갖는 메모리 소자이다.

그림 9-3에서 알 수 있듯이 ROM의 각 출력은 n개의 입력 변수에 대해서 모든 최소항의 합으로 이루어짐을 알 수 있다. 임의의 부울함수는 최소항의 합의 형식으로 표현할 수 있다. 따라서 함수에 포함되지 않은 최소항들의 퓨즈를 절단함으로써 각 ROM의 출력은 조합 회로에 있는 출력 변수들 중의 하나에 대한 부울함수로 표시할 수 있다. 만약 어떤 조합 회로가 n개의 입력과 m개의 출력을 가지고 있다면 2^n*m ROM이 요구된다. 조합 회로를 ROM으로 구현하기 위해서는 ROM에서 요구되는 통로들에 대한 정보를 나타내는 ROM 프로그램 테이블이 필요하다. [예제 9-1]은 임의의 조합 회로를 ROM으로 실현하기 위한 한 가지 예를 나타낸다.

[예제 9-1] 그림 9-3(a)의 진리표를 이용하여 2-입력, 3-출력 조합 회로를 ROM으로 구현하라.

풀이 이 진리표와 일치하는 정규 곱의 합(canonical sum of product)의 형태로 표현된 부울함수는 다음과 같다.

$$F_1(x_1, x_0) = \sum(1, 2, 3) \qquad\qquad (9.1)$$
$$F_2(x_1, x_0) = \sum(0, 3) \qquad\qquad (9.2)$$
$$F_3(x_1, x_0) = \sum(0, 1) \qquad\qquad (9.3)$$

임의의 조합 회로를 ROM을 구현하기 위해서는 먼저 조합 회로의 입력과 출력의 수를 고려하여 필요한 ROM의 크기를 정하고, 다음에 ROM의 진리표를 구해야 한다.

이 조합 회로를 구현한 ROM은 2개의 입력과 3개의 출력을 가져야 한다. 그러므로 이 ROM의 크기는 4*3 비트이며, 2*4의 디코더와 3개의 OR 게이트가 필요하다. 이때 각 OR

게이트는 4개의 퓨즈를 가져야 한다.

그림 9-3(a)는 식 (9.1), (9.2), (9.3)의 부울함수에 대한 진리표를나타내며, 그림 9-3(b)는 이 조합 회로를 ROM으로 구현한 논리도를 나타낸다.

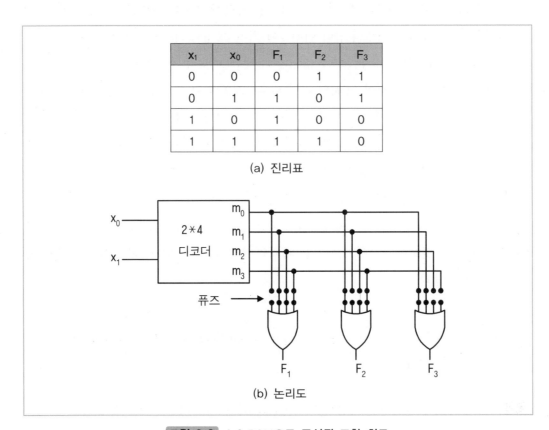

x_1	x_0	F_1	F_2	F_3
0	0	0	1	1
0	1	1	0	1
1	0	1	0	0
1	1	1	1	0

(a) 진리표

(b) 논리도

그림 9-3 4*3 ROM으로 구성된 조합 회로

진리표에서 출력 함수가 1을 가지고 있으면 디코더의 출력과 OR 게이트 사이에 퓨즈를 연결하고, 0이면 퓨즈를 끊음으로써 최소항들의 합으로 된 조합 회로를 얻을 수 있다.

예를 들면, 진리표에서 F_1은 4개의 입력 변수에 대해서 OR 기능을 가지고 있다. 따라서 논리회로도에서 최소항 m_1, m_2, m_3가 F_1의 입력으로 연결된다.

프로그래머블 논리 소자(PLD: Programmable Logic Device)는 게이트의 배열로 이루어진 집적 회로이며, 이 회로의 내부에 있는 링크(fusible link)들에 의해서 프로그램이 가능하게 된다. PLD내에 있는 게이트는 보통 AND 배열(array)과 OR 배열의 형태로 구성되며, 퓨즈의 위치에 따라서 PROM(Programmable Read Only Memory), PAL(Programmable

Array Logic), PLA(Programmable Logic Array)로 구분된다.

PROM은 고정된 AND 배열과 프로그램 가능한 OR 배열로 이루어진다. PLA는 모두 프로그램이 가능한 AND 배열과 OR 배열로 구성되며, PAL은 프로그래밍이 가능한 AND 배열과 고정된 OR 배열로 이루어진다.

ROM에는 크게 마스크 ROM(mask ROM)과 PROM(Programmable ROM)으로 나누어진다. 마스크 ROM은 주문자가 제작자에게 원하는 ROM을 구현하기 위한 진리표를 제공하면 제작자는 진리표의 내용에 따라 프로그래밍하여 제작한다.

PROM은 프로그래밍되지 않는 형태로 제공되며 ROM이 일단 프로그램되면 저장된 데이터는 변경할 수가 없다. 프로그래밍된 ROM의 내용을 다시 변경하기 위해서는 ROM의 내용이 지워져야 하는데, 이를 위한 PROM에는 EPROM(Erasable PROM)과 EEPROM(Electrically Erasable PROM)이 있다. ROM의 내용을 지우기 위해서 EPROM은 자외선을 사용하는 반면 EEPROM은 전기적 신호를 사용하여 프로그래밍된 값을 방전시킨다.

9-2 PLA

ROM으로 조합 회로를 실현할 경우 조합 회로에서 사용하지 않는 무정의 조건이 발생한다. 이러한 무정의 조건은 결코 발생하지 않는 주소의 입력이 되므로 이는 이용 가능한 장치의 낭비를 초래한다. 따라서 무정의 조건이 많이 포함되어 있는 조합 회로는 PLA(Programmable Logic Array)를 이용하여 설계하는 것이 보다 경제적이라 할 수 있다.

PLA는 개념적으로 ROM과 비슷하지만, PLA는 변수의 완전한 디코딩을 제공하지 않으며, ROM에서와 같이 모든 최소항을 생성하지 않는다. PLA에 있어서는 디코더가 AND게이트의 그룹으로 대치되며 각 AND게이트는 입력 변수의 적의 항(product term)을 생성할 수 있도록 프로그램이 가능하다. PLA 내부에 있는 AND와 OR게이트는 초기에 프로그램이 가능하도록 퓨즈가 내장되어 있다. PLA에 대한 블럭도는 그림 9-4와 같다.

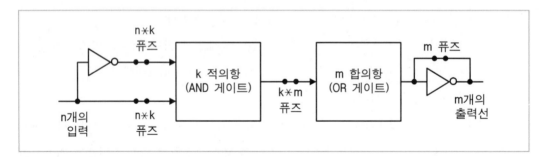

그림 9-4 PLA의 블럭도

PLA는 n개의 입력선, m개의 출력선, 적의 항 그리고 합의 항들로 이루어져 있다. 적의 항들은 k개 AND 게이트의 그룹으로 구성되고 합의 항들은 m개의 OR 게이트의 그룹으로 이루어진다. n개의 입력선과 입력선의 보수들은 각 n*k개의 퓨즈를 통해 AND 게이트(k개의 적의 항들(product terms))와 연결된다. 그리고 k개의 AND 게이트 출력과 m개의 OR 게이트 입력 사이에도 k*m개의 퓨즈가 존재한다. 또한, 출력 인버터에서 퓨즈의 집합(set)은 AND-OR 형태나 AND-OR-INVERT 형태 중에서 하나를 생성하기 위한 출력함수(output function)를 허용한다.

즉, 인버터의 퓨즈를 끊으면 출력 함수는 AND-OR-INVERT 형태가 되고 퓨즈를 연결한 채로 두면 인버터를 건너뛰어 AND-OR 형태의 출력 함수가 된다.

PLA의 크기는 입력선의 수(n), AND게이트에 의해서 생성된 적의 항의 수(k), 출력선의 수(m)에 의해서 결정된다. 이 경우 합의 항의 수는 출력선의 수와 동일하다. 그러므로 프로그램된 퓨즈(programmed fuses)의 수 P는 다음과 같이 산출된다.

$$P = 2n \times k + k \times m + m$$

한편, ROM에 있어서 $2^n * m$개의 퓨즈가 필요하다.

[예제 9-2] 다음과 같이 정의된 3개의 입력과 4개의 출력을 가진 함수를 ROM과 PLA로 구현하고 이 두 회로를 비교하여라.

$$F_1(x_1, x_2, x_3) = \sum(0,\ 1,\ 6,\ 7) = x_1'x_2' + x_1x_2$$
$$F_2(x_1, x_2, x_3) = \sum(1,\ 3,\ 5,\ 6,\ 7) = x_3 + x_1x_2$$
$$F_3(x_1, x_2, x_3) = \sum(1,\ 2,\ 3) = x_1'x_3 + x_1'x_2$$
$$F_4(x_1, x_2, x_3) = \sum(0,\ 1,\ 3,\ 5,\ 7) = x_3 + x_1'x_2'$$

풀이 그림 9-5(a)와 (b)는 각각 위의 함수에 대한 ROM과 PLA의 구현을 나타낸다. ROM 회로는 3개의 입력 변수를 가지므로 모든 가능한 최소항을 구성하기 위해서는 8개의 신호 선이 필요하다. 그러나 PLA회로는 서로 다른 적의 항을 구성하기 위해서 단지 5개의 신호 선이 요구된다. PLA 회로에 있어서 각 출력선의 인버터는 생략되어 있음에 주의하라. 이 두 회로의 구현 비용(cost of implementation)의 비교에 있어서 기술적(technology)인 측 면에서는 거의 비슷하지만 구현 비용은 신호선의 수에 비례한다. PLA 회로와 ROM의 신호 선 수는 각각 5개와 8개가 되므로 이 두 회로에 대한 비용은 대략 5 대 8 정도가 된다.

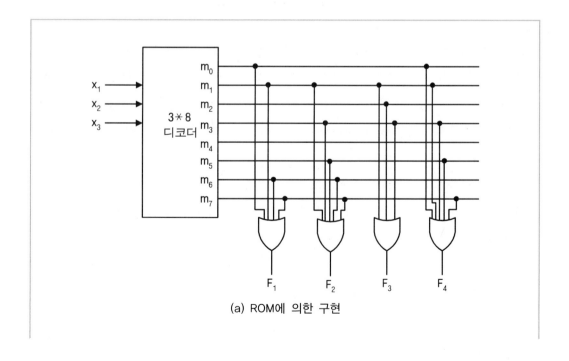

(a) ROM에 의한 구현

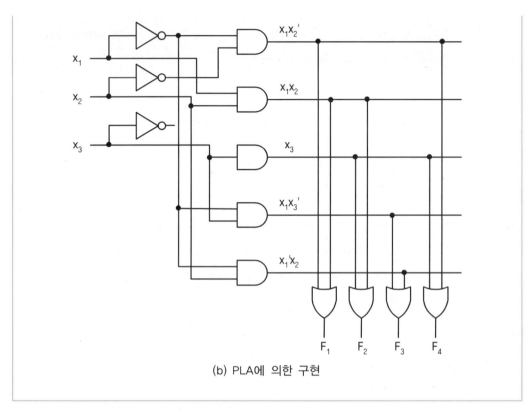

(b) PLA에 의한 구현

그림 9-5 ROM과 PLA의 비교

ROM은 최소항의 합(sum of minterm)으로 조합 회로를 실현하지만, PLA는 함수를 곱의 합으로 실현되므로 각 함수에서 곱의 항은 AND 게이트에 의해서 실현할 수 있다. PLA에 의한 구현에서는 AND 게이트의 수가 제한되어 있으므로 사용할 AND 게이트의 수를 최소화시키기 위해서는 주어진 함수를 간단화시켜서 곱의 항의 수를 최소화시키는 것이 필요하다.

PLA를 구현하기 위해서는 PLA 프로그램표가 필요하다. 이 표는 임의의 조합 회로가 주어지면, 그 조합 회로에 대한 진리표를 곱의 합 형태로 간단화한 후에 얻을 수 있다.

예를 들어 그림 9-5(b)의 회로에 대해서 간단화된 각 부울함수는 식 (9.4), (9.5), (9.6), (9.7)과 같으며, 이 식에 의해서 작성된 PLA 프로그램표는 표 9-1과 같다. PLA를 프로그램한다는 것은 AND-OR-NOT형태의 통로들을 지정하는 것을 의미한다.

$$F_1(x_1, x_2, x_3) = x_1'x_2' + x_1x_2 \qquad\qquad (9.4)$$

$$F_2(x_1, x_2, x_3) = x_3 + x_1x_2 \qquad\qquad (9.5)$$

$$F_3(x_1, x_2, x_3) = x_1'x_3 + x_1'x_2 \qquad\qquad (9.6)$$

$$F_4(x_1, x_2, x_3) = x_3 + x_1'x_2' \qquad\qquad (9.7)$$

표 9-1 그림 9-5(b)의 PLA 프로그램표

최소항	x_1	x_2	x_3	F_1	F_2	F_3	F_4
$x_1'x_2'$	0	0	–	1	–	–	1
x_1x_2	1	1	–	1	1	–	–
x_3	–	–	1	–	1	–	1
$x_1'x_3$	0	–	1	–	–	1	–
$x_1'x_2$	0	1	–	–	–	1	–

이 표는 세 개의 열로 구성되어 있다. 첫번째 열은 적의 항에 대한 기술이며, 두번째 열 (입력 열)은 입력과 요구되는 AND 게이트 사이의 연결 관계를 규정한다. 이때, 각 곱의 항에 대해 입력들을 1, 0, 또는 –(dash)로 표현한다.

(a) 여기서 입력 변수 1은 정규 입력(normal input)이 대응하는 적의 항을 구성하는 AND게이트와 연결되어 있음을 나타낸다.

(b) 입력 변수 0은 보수화된 입력(complemented input)이 AND게이트와 연결되어 있음을 나타낸다.

(c) 입력 변수 –는 연결이 안됨(곱의 항에 해당되는 변수가 없음)을 나타낸다. 예를 들어, 표 9-1의 입력 열 밑에 있는 00(–)은 적의 항 $x_1'x_2'$를 나타낸다.

세번째 열(출력 열)은 AND게이트와 OR 게이트 사이의 연결 관계를 규정한다.

PLA를 가지고 조합 회로를 설계 할때 PLA의 내부 회로를 그릴 필요는 없다. 즉, 사용자는 PLA를 프로그램할 수 있는 PLA 프로그램표를 작성하여 제작자에게 넘겨 주기만 하면 된다. 가끔 PLA 회로의 설계나 분석에 있어서 프로그램표를 이용하는 것 보다 심볼릭(또는 matrix) 표현을 이용하기도 한다. 심볼릭 표현에 있어서 적항선(product term line)이나 입출력선을 삽입하는 장소에 도트(dot)를 사용하며, 이는 어레이에 있어서 스위칭 소

자(switching element)의 존재를 나타낸다. 그림 9-6은 그림 9-5(b)의 PLA회로를 심볼릭으로 표현한 것이다.

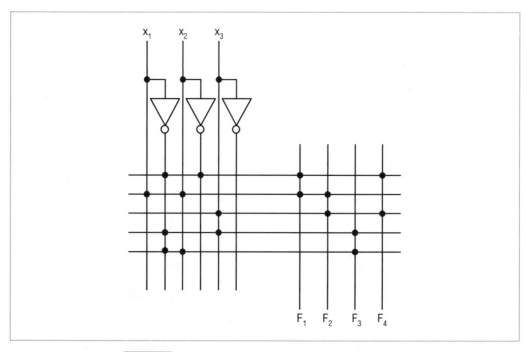

그림 9-6 그림 9-5(b)의 PLA회로에 대한 심볼릭 표현

9-3 RAM

메모리 소자인 RAM 에는 정적(static) RAM(SRAM)과 동적(dynamic) RAM(DRAM)의 두 종류가 있으며, 정적 RAM은 본질적으로 2진 정보를 저장할 수 있는 플립플롭들의 집합으로서, 저장된 정보는 장치에 전력이 공급되는 한은 유용한 상태를 계속 유지한다. 반면에 동적 RAM에서는 캐패시터(capacitor)에 충전되는 전하의 형태로 2진 정보를 저장하는 RAM으로서, 캐패시터는 MOS트랜지스터 칩 내부에 형성된다. 그런데 충전된 전하는 시간에 따라 방전하려는 경향이 있기 때문에 동적인 RAM에서는 캐패시터를 주기적으로 충전시키는 재충전(refreshing) 장치가 필요하다. 동적인 RAM은 전력 소모가 적고, 하나의 기

억 장치 칩에 보다 많은 정보를 저장할 수 있다. 이에 반해서 정적인 RAM은 사용하기가 쉽고, 읽기과 쓰기 사이클이 짧다.

전원이 꺼졌을 때 저장된 정보를 잃게 되는 기억 장치를 휘발성(volatile) 기억 장치라 한다. RAM의 경우에 정적이건 동적이건 2진 셀들은 저장된 정보를 유지하기 위해서는 외부 전력이 필요하기 때문에 이러한 범주에 속한다. 이와는 반대로 비휘발성(nonvolatile) 기억 장치는 자기 디스크와 같이 전력을 제거한 후에도 저장된 정보를 유지하는 기억 장치 이다. 이것은 기억 요소에 저장된 데이터를 자화된 방향으로 표현하기 때문이다.

9-3-1 SRAM

SRAM의 크기는 포함하고 있는 워드수와 각 워드의 비트로 표시된다. 워드란 메모리에서 입출력시 한 번에 전송되는 비트를 말한다. SRAM의 특징은 다음과 같다.

① 전원이 공급된 상태이면 기억된 정보를 계속 유지한다.

② 기억 소자가 TTL Flip-Flop Logic으로 구성되어 있어 속도가 빠르다.

③ 집적도가 낮아서 용량이 적으며 소모 전력이 높다.

④ 주로 캐쉬 메모리에 사용된다.

⑤ 비트당 가격이 비싸다.

일반적인 SRAM의 기본 구조 및 블럭도는 그림 9-7과 같으며, n비트의 데이터 입력선은 메모리에 저장될 데이터를 제공하고, SRAM으로부터 읽혀지는 정보는 n비트의 데이터 출력선을 통하여 나오게 된다. 그리고 k개의 주소선은 여러 워드 중에서 하나를 선택하는 데 사용된다. 또한 read(R)와 write(W), 두 개의 제어선은 정보 전송의 방향을 결정하는 데 사용된다.

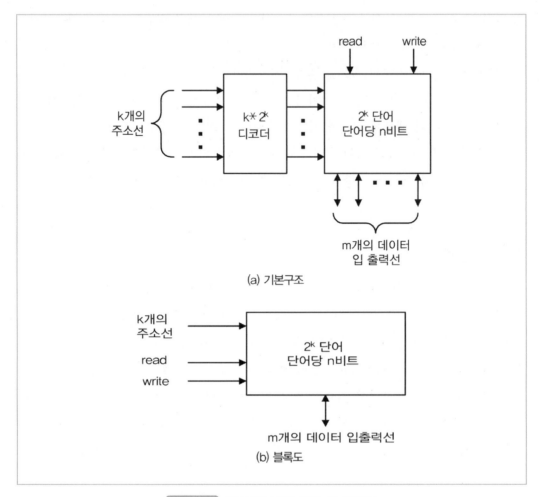

(a) 기본구조

(b) 블록도

그림 9-7 SRAM의 기본 구조 및 블럭도

한 비트를 저장하는 SRAM의 셀을 그림 9-8(a)에 나타내었으며 그림 9-8(b)는 이 회로의 블록도이다. 여기서 BC(basic cell)라 이름 붙여진 블록은 3입력, 1출력의 2진 기억 소자를 나타낸다.

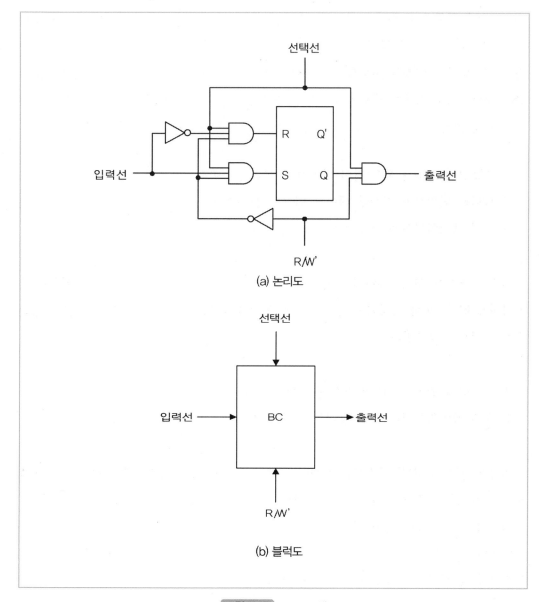

그림 9-8 SRAM 셀

선택 입력은 R/W' 상태를 선택하게 되고, 셀의 동작 상태를 결정하게 된다. 즉, R/W'
가 1이면 플립플롭이 출력단자에 연결되어서 SRAM은 읽기 상태가 되며 R/W'이 0이면 입
력 단자가 플립플롭에 연결되어 SRAM은 쓰기 상태가 된다. 여기서 W'은 0일때 활성화되
는 'active-low'를, R은 1일때 동작하는 'active-high'를 나타낸다.

SRAM에 대해서 수행할 수 있는 두 개의 연산에는 쓰기(write)과 읽기(read) 연산이 있다. 쓰기 신호는 내부로의 전송을 지정하는 신호이고, 읽기 신호는 외부로의 전송을 지정하는 신호로서, SRAM의 내부회로는 이러한 제어 신호 중의 하나를 받아들여 원하는 연산을 수행한다. SRAM으로 새로운 워드를 전송하여 저장하는 쓰기 연산은 다음과 같은 과정으로 수행한다.

① 주소선에 원하는 워드(단어)의 2진 주소를 전송한다.
② 데이터 입력선에 저장할 데이터 비트를 전송한다.
③ 쓰기 제어입력선을 활동 상태(active state)로 한다.

이렇게 하면 SRAM은 데이터 입력선으로 들어온 정보 비트를 주소선으로 지정된 위치에 저장하게 된다. 또한 저장되어 있는 워드를 SRAM 밖으로 전송하는 읽기 연산은 다음과 같은 과정으로 수행한다.

① 주소선에 원하는 워드의 2진 주소를 전송한다.
② 읽기 제어입력선을 활동 상태로 한다.

이렇게 하면 SRAM은 주소선을 통해서 들어온 주소에서부터 데이터를 취하여 그것을 출력 데이터선으로 출력 시킨다. 이 때 선택된 워드의 내용은 읽기 후에도 변하지 않는다.

일반적으로 SRAM은 입력 주소에 의해 특정 워드를 선택하기 위한 디코딩 회로가 필요한데 n비트의 워드 m개를 가진 SRAM의 내부는 m*n의 2진 기억 소자와 각 워드의 선택을 위한 디코딩 회로로 구성된다.

그림 9-9에는 각각 3비트를 가지는 4개의 워드로 구성된 4*3 SRAM의 논리 구조를 나타내었다.

4워드의 SRAM을 선택하기 위해서는 두 주소선을 필요로 한다. 두 주소선 입력은 2*4 디코더를 거쳐 4워드 중 하나를 선택하게 된다. 디코더는 메모리 인에이블(memory enable) 입력에 의해 동작 가능하게 된다. 메모리 인에이블이 0이면 디코더의 모든 출력이 0이 되어 SRAM의 어떤 워드도 선택되지 않는다. 그러나 메모리 인에이블이 1이면 두 주소

선에 따라 4워드 중 하나를 선택하게 된다. 한 워드가 선택되면 R/W'입력에 따라 동작
상태가 정해진다. 읽기동작 동안 선택된 워드의 4비트는 OR게이트를 거쳐 출력 단자에 전
달된다. 쓰기 동작 동안에는 입력선의 데이터가 선택된 워드의 4개의 2진 기억 소자로 전
송된다. 이때 선택되지 않은 워드는 디스에이블(disable)되고, 그 전에 가지고 있던 데이터
는 보존된다. 디코더로 들어가는 메모리 인에이블 입력이 0이면 어떤 워드도 선택되지 않
으며, 모든 SRAM의 내용은 R/W'입력에 상관없이 유지된다.

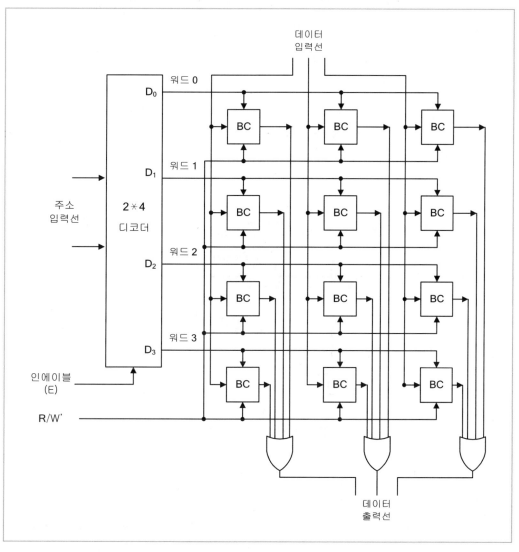

그림 9-9 4*3 SRAM의 논리 구조

9-3-2 DRAM

DRAM은 SRAM에 비해 집적도가 높은 반면에 엑세스 속도가 느리다. 그 이유는 집적도가 높은 대신에 읽기 후에는 반드시 재충전(refresh)를 시켜야 하기 때문이다. 재충전이란 RAM의 기억이 지워지지 않도록 동일한 내용을 다시 입력시키는 것을 말한다.

DRAM의 특징은 다음과 같다.

① 전원이 공급된 상태에서 계속해서 재충전해 주어야만 기억된 정보를 유지한다.

② 기억 소자가 CMOS로 구성되어 집적도가 매우 높다. 즉 기억 용량이 매우 크다.

③ SRAM에 비해 접근속도가 느리다(약 5배정도).

④ 주로 컴퓨터의 주 기억 장치로 사용된다.

⑤ 비트 당 가격이 싸다.

DRAM에서 필요한 캐패시터(capacitor)는 NMOS 트랜지스터 칩 내부에 형성된다. 그림 9-10은 NMOS 트랜지스터를 사용한 DRAM 셀의 구조를 나타낸다.

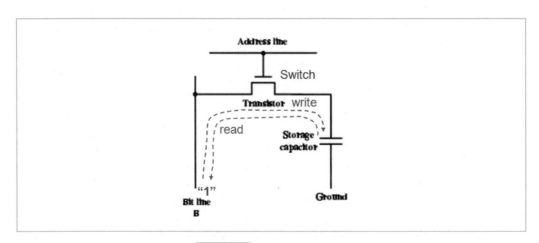

그림 9-10 DRAM 셀의 구조

메모리 셀에 데이터를 쓰기 위한 동작은 아래와 같다.

1. Bit line에 쓰고자 하는 데이터를 입력한다.

2. NMOS 스위치(Switch)의 Address line에 1을 인가하면 이 스위치가 ON 상태가 되어 입력값이 capacitor에 저장된다.

데이터 버스 라인으로 데이터를 읽기 위한 동작은 아래와 같다.

1. Address line에 '1'을 인가하면, 커패시터(capacitor)에 저장되었던 전하값들이 Bit line을 통해서 감지 증폭기(sense amplifier)로 이동하게 된다.

2. 이 값을 reference 값과 비교하여 저장된 값이 0 or 1인지 판별하게 된다.

표 9-2는 DRAM과 SRAM의 특징을 요약한 것이다.

표 9-2 DRAM과 SRAM의 특징

	DRAM	SRAM
밀도(density)	높음	낮음
가격	높음	낮음
Refresh 회로	필요	불필요
읽기/쓰기 속도	느림	빠름
용도	대용량 주기억장치	캐쉬

한편 기존의 DRAM과 거의 똑같은 구조와 동작원리를 가진 기억소자인 FRAM(Ferroelectric Random Access Memory)이 있다. FRAM은 강유전체 (Ferroelectrics)라는 재료를 캐퍼시터 재료로 사용하여 전원이 없이도 데이터를 유지할 수 있는 비휘발성 메모리이다. 읽기 쓰기가 모두 가능한 비휘발성 메모리로 휘발성 메모리인 RAM(random access memory)과 ROM(read only memory)의 두 가지 특성을 다 가지고 있다. 전원이 차단되어도 정보를 유지하면서 RAM과 같이 자유자제로 데이터를 읽고 쓸 수 있는 메모리로서 핸드폰이나 기타 가전품에 많이 이용되고 있다.

9-4 플래시 메모리

플래시 메모리는 원래 롬바이오스로 사용되는 EEPROM을 개선하기 위해서 만들어졌다. EEPROM의 집적도 한계를 극복하기 위해서 NMOS트랜지스터를 사용한 플래시 메모리는 비휘발성 메모리이면서 전기적인 방법으로 정보를 자유롭게 입출력할 수 있을 뿐 만 아니라 프로그래밍도 쉽고 빠르게 할 수 있는 이점이 있다.

플래시 메모리는 ROM과 같이 쓰기된 정보를 전원 없는 상태에서 보존이 가능하며, 필요에 따라 DRAM과 같이 내부 데이터를 다른 것으로 써넣는 것이 가능하다.

또한 플래시 메모리는 하드디스크 대용으로 사용되기도 한다. 플래시 메모리를 가지고 카드크기의 보조기억장치를 만들어서 하드디스크 대신 사용하면 엑세스 속도도 하드디스크보다 훨씬 빠를 뿐 아니라 반도체 메모리이기 때문에 충격에 매우 강하다. 기계적인 운동부분이 없어 하드디스크에 비해 전력소모도 매우 적기 때문에 노트북 컴퓨터에 많이 사용된다.

9-4-1 동작 원리

플래시 메모리에서 셀(cell)의 구현에는 NMOS 트랜지스터를 사용하며, 이 트랜지스터는 두 개의 게이트 즉, 제어 게이트(CG: control gate)와 부동 게이트(FG: floating gate)로 구성된다. 그림 9-11은 플래시 메모리에서 데이터를 저장하는 최소 단위인 셀의 기호와 내부 구조를 나타낸다.

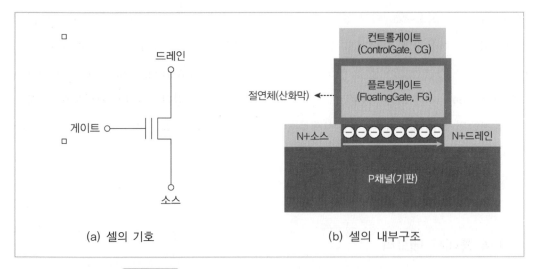

그림 9-11 플래시 메모리의 셀(Cell)의 기호와 내부 구조

기본적으로 플래시 메모리의 셀은 FG에 전자를 채우고 비우는 방식으로 0과 1을 인식하게 된다. FG는 절연체인 산화막(SiO2)으로 둘러 쌓여 있기 때문에 기본적으로 전자가 이

동하지 못하는 비어(empty) 있는 닫힌 상태이다.

(1) 쓰기 과정

NMOS 트랜지스터는 드레인 단자에는 양(+)의 전압이 인가되고, 소스 단자에는 접지 (GND) 상태에서 CG에 약 +5V 크기의 전압을 인가하면 N-채널을 통해서 소스에서 드레인 방향으로 전자(electron)들이 이동하게 되어 전류가 흐르게 된다. 그런데 만약 CG에서 약 +12V 정도의 충분히 높은 (+)전압(voltage)을 걸어주면, 강력한 전기장(electric field)이 발생하게 되어 N-채널을 통과하던 전자들의 일부가 산화막을 통과하여 FG(플로팅 게이트)로 들어가게 된다. 이와 같은 효과를 터널 효과(tunnel effect)라고 하며, 이렇게 FG에 전자를 채우는 것을 터널 주입(tunnel injection)이라고 한다.

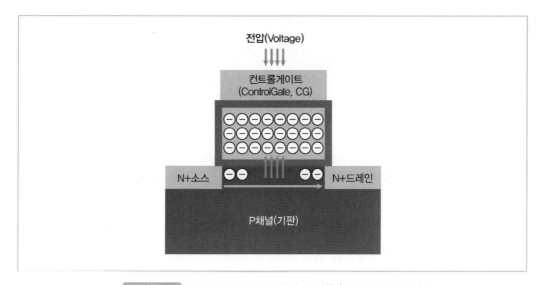

그림 9-12 부동 게이트가 채워진 상태('0'이 저장된 상태)

그 후에 컨트롤(CG)에 인가했던 전압을 끊으면 터널 효과는 사라지고, 결국 FG로 이동했던 전자들은 절연체인 산화막에 의해 그 안에 갇히게 된다. 이것이 바로 플래시 메모리 셀의 쓰기(write), 즉 프로그래밍(programming) 작업에 해당되며 '0'이 저장된 상태가 된다. 이와 같이 FG 안으로 들어간 전자는 절연체인 산화막에 의해 갇히게 되고, 이러한 상태는 전기가 공급되지 않더라도 그대로 유지가 된다. 즉, 이러한 특성으로 플래시 메모리 셀은 비휘발성 저장 매체로써 영구 저장 기능을 수행하게 된다.

(2) 삭제 과정

삭제(지우기) 과정은 쓰기 과정의 반대이다. 산화막에 갇힌 전자를 빼내기 위해 P채널 (기판)에 높은 (+)전압을 인가하면 해당 방향에서 발생한 전기장의 영향에 의해 역으로 FG 에 갇혀 있던 전자들이 절연층인 산화막을 통과하여 밖으로 빠져 나가게 되어 FG 안의 전 자는 비워지게 된다. 이러한 과정을 터널 릴리즈(tunnel release)라 하며, 메모리 셀에 대 한 삭제(erase) 동작에 해당한다.

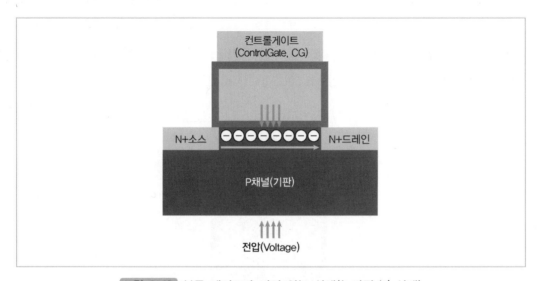

그림 9-13 부동 게이트가 비어 있는 상태(논리적 '1' 상태)

이러한 지우기 작업을 거쳐 셀은 다시 원래대로 비어 있는(empty) 상태(논리적 '1' 상태) 로 되돌아가기 때문에 다시 새로운 쓰기 작업('0'을 저장)이 가능하다. 반면에 '1'을 저장한 다면 그대로 두면 되는 것이다. 플래시 메모리는 덮어쓰기(overwriting)가 안 되므로 해당 영역에 데이터를 새로 쓰려면 지우기 과정을 반드시 거쳐야 한다.

(3) 읽기(reading) 동작

이제 셀에 저장된 정보의 읽는 동작에 대해서 알아보기로 한다. 읽기 동작은 FG에 전자 가 있는지 없는지를 확인하기 위한 것이다.

먼저 CG에 터널 효과가 발생하지 않을 약한 전압(+5V)을 걸어주고, 소스에서 드레인으 로 전압을 걸어줘 전하를 이동시키는 작업을 수행한다. 이때 만약 FG가 비어 있다면('1'이 저장된 상태), CG에서 발생하는 전기장의 영향으로 P채널의 정공(hole)들이 아래로 밀려서 N 채널 폭이 넓어진다. 이때, 소스와 드레인 사이에 정상 전류가 흐르게 되어 트랜지스터는 ON 상태가 되는데, 이것은 '1'을 읽은 결과에 해당된다.

그런데. 만약 FG에 전자가 채워져 있다면('0'의 저장된 상태), 이 전자가 전기장의 영향을 차단하게 된다. 이러한 간섭의 영향으로 N 채널은 넓어지지 못하여, 결과적은 매우 적은 양의 전류가 흐르게 된다. 이것은 트랜지스터의 ON 상태가 되며, '0'을 읽은 결과에 해당된다.

9-4-2 구성방식

Flash Memory는 내부회로의 구성 방식에 따라 NAND형과 NOR형으로 나누어진다. NAND형은 트랜지스터들이 직렬로 연결되어 있고, NOR형은 병렬로 연결되어 있다. 그림 9-14와 그림 9-15은 각각 NAND형과 NOR형 플래시 메모리의 내부 구조를 나타낸다.

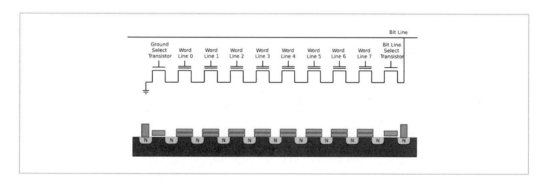

그림 9-14 NAND형 플래시 메모리의 내부 구조

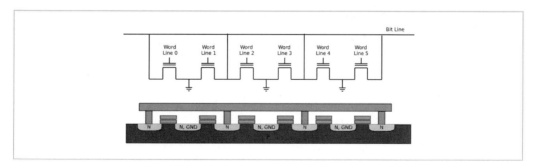

그림 9-15 NOR형 플래시 메모리의 내부 구조

그림 9-16는 셀을 직렬로 구성고 이러한 셀들을 일정하게 그룹화한 NAND 플래시 메모리의 구조를 나타낸다.

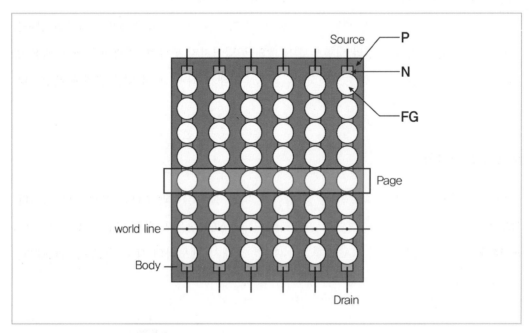

그림 9-16 NAND 플래시 메모리의 구조(페이지와 블록)

그림 9-16에서 알 수 있듯이 셀들이 일정 단위 직렬로 연결되어 있고, 주소 라인이 없는 특성으로 라인에 맞춰 읽기 및 쓰기, 지우기 작업을 행하게 된다. 결론적으로 NAND 플래시 메모리는 읽기와 쓰기 작업은 페이지 단위로 행해지지만, 지우기는 블록 단위로만 작업을 할 수 있다.

NAND 플래시 메모리는 페이지 단위로 읽기 작업을 진행하기 때문에 단 1Byte 의 데이터를 읽고자 할 지라도 우선 해당 데이터가 포함된 페이지 전체를 한꺼번에 읽은 후, 필요한 데이터를 따로 추출하는 방식을 사용하게 된다. 표 9-2는 플래시 메모리의 종류별 특징을 나타낸다.

표 9-2 플래시 메모리의 종류별 특징

종류	NAND형	NOR형
구조	셀이 직렬로 연결 코드(code) 저장형 메모리	셀이 병렬로 연결 데이터 저장형 메모리
특징	제조 비용이 싼 편임 대용량 집적화 가능	데이터 처리속도가 빠름 안성성 우수
이용	USB 드라이브, 메모리 카드에 이용	핸드폰, 셋톱 박스용 칩에 이용
주도업체	삼성전자	인텔

일반적으로 NOR형 메모리는 어떤 FG에나 직접 접근할 수 있지만 NAND형 메모리는 어떤 FG에 접근하기 위해서는 다른 FG들을 거쳐야 하기 때문에 NOR형 메모리가 NAND형 메모리보다 빠르다고 할 수 있다. 이와 같은 이유로 각각의 FG에서의 읽기 작업은 NOR형 메모리가 빠르다. 하지만 어떤 규모 이상의 데이터, 즉 NAND형 메모리에서 한 단위 회로 이상의 데이터를 읽는 경우 NOR형 메모리와 NAND형 메모리 사이의 큰 차이가 없게 된다.

쓰기 작업의 경우, NAND형 메모리는 페이지(page) 단위로 데이터 처리가 가능하기 때문에 NAND형 메모리가 NOR형 메모리에 비해 빠르다. 또한 NAND형 메모리의 경우 직렬 회로로 구조가 비교적 단순해서 집적도를 높이기 쉽기 때문에 대용량화가 가능하다.

다시 말해서 NAND형 메모리가 읽기 성능은 조금 떨어지지만 쓰기 성능이 우수하고 생산 단가도 저렴하기 때문에 NOR형 메모리보다 많이 사용되고 있으며 SSD에도 주로 NAND형 메모리가 사용되고 있다.

여러 개의 NAND형 메모리가 하나의 SSD를 이루고 있고 Controller가 이 NAND형 메모리들을 관리하는 방식으로 작동한다.

연습문제

01 다음에 나타난 PLA회로에 대한 심볼릭 표현을 나타낸다. 다음의 물음에 답하라.

(a) PLA를 구현하기 위한 논리함수 F_1, F_2, F_3를 유도하라.

(b) ROM으로 구현한 조합회로를 얻기 위한 진리표를 작성하라.

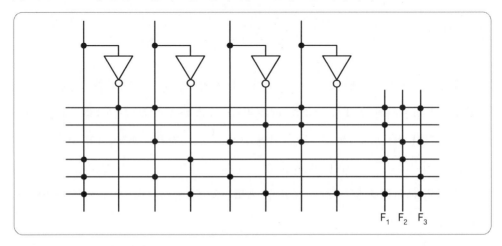

02 다음과 같은 부울함수가 주어졌을 때 다음 물음에 답하라.

(a) ROM에 대한 진리표를 작성하라.

(b) PLA에 대한 프로그램표를 작성하라.

$$F_1 = a'c' + bc + c'd' + abd$$
$$F_2 = a'c' + c'd' + ad$$
$$F_3 = ab'd + ad + a'c' + cd$$

03 다음과 같은 부울함수가 주어졌을 때 ROM을 구현하기 위한 진리표를 작성하고, 논리도를 그려라.

$$F_1(w, x, y, z) = \sum m(1,\ 2,\ 4,\ 5,\ 6,\ 8,\ 12,\ 14)$$
$$F_2(w, x, y, z) = \sum m(0,\ 2,\ 4,\ 6,\ 8,\ 9,\ 12,\ 15)$$

04 다음의 진리표를 만족하는 부울함수를 유도하고 조합회로를 ROM으로 구현하라.

입 력		출 력		
A	B	F_1	F_2	F_3
0	0	0	1	1
0	1	1	0	1
1	0	1	0	0
1	1	1	1	0

05 어떤 컴퓨터에서 사용되는 RAM의 크기가 1K*8이라 할 때 다음 물음에 답하라.

(a) RAM의 주소선 및 데이터선은 몇 개가 필요한가?

(b) 디코더의 크기는?

(c) 8K*16 RAM으로 확장할 때 필요한 칩의 수는 몇 개인가?

(d) 8K*16 RAM 에서는 주소선 및 데이터선이 각각 몇 개가 필요한가?

06 플래시 메모리 셀의 저장 동작에서 가잘 중요한 기능을 수행하는 내부 요소는 무엇인가?

07 NOR형 플래시와 NAND형 플래시의 특징을 비교하라.

08 터널 주입(tunnel injection)과 터널 릴리즈(tunnel release)에 대해서 설명하라.

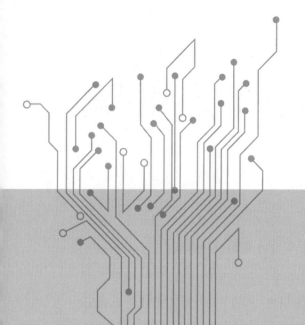

| 제10장 |

비동기 순서회로

제 7장에서 이미 설명한 것처럼 비동기 순서회로는 시간에 관계없이 단지 입력이 변화하는 순서에 따라 동작한다. 비동기 순서회로는 회로 입력이 변화할 경우에만 상태 전이가 발생하므로 클럭이 없는 메모리 소자(unclocked memory device)를 사용한다. 그림 7-1의 회로를 조금 수정(클럭 펄스(CP)의 신호선을 제거)하면 비동기 순서회로에 대한 블록도를 얻게 된다. 이와 같이 수정된 비동기 순서회로는 n개의 입력 변수(회로 입력)와 m개의 출력 변수(회로 출력) 그리고 k개의 메모리 소자(memory devices)를 갖게 된다. 이때 메모리 소자의 출력을 현재 상태(present state)라하고, 메모리 소자에 대한 입력(Y_0, Y_1, ⋯, Y_{k-1})을 다음 상태(next state)라 한다. 그리고 이 두 상태에 대한 변수를 각각 2차 변수(secondary variable)와 여기 변수(excitation variable)라고 한다. 여기에서 정의하는 여기 변수는 클럭이 있는 순서회로에서 사용하는 여기표와 다르며, 이를 혼동해서는 안된다. 순서 회로의 동작은 부울함수를 사용하여 다음과 같이 표현할 수 있다.

$$Y_i = G_i(x_0, \ x_1, \ \cdots, \ x_{n-1}, \ y_0, \ y_1, \ \cdots, \ y_{k-1}), \ i = 0, \ 1, \ \cdots, \ k-1 \quad (10.1)$$

그리고 조합회로의 출력

$$Z_i = F_i(x_0, \ x_1, \ \cdots, \ x_{n-1}, \ y_0, \ y_1, \ \cdots, \ y_{k-1}), \ i = 0, \ 1, \ \cdots, \ m-1 \quad (10.2)$$

한편, 어떤 순서회로에 있어서 출력값은 단지 현재 상태에 대한 함수로만 나타낼 수도 있는데, 이에 대한 부울함수는 다음과 같이 표현한다.

$$Z_i = F_i(y_0, \ y_1, \ \cdots, \ y_{k-1}), \ i = 0, \ 1, \ \cdots, \ m-1 \qquad\qquad (10.3)$$

이러한 경우에 출력값은 항상 현재 상태와 결합되어 있다는 사실에 주의하라. 식 (10.1)과 (10.2)에서 알 수 있듯이 시간 t_n에서 현재 상태와 회로 입력값이 주어지면 회로의 출력 Z_i와 다음 상태 변수 Y_i는 시간 t_n에서 생성된다(조합 회로의 출력으로 간주할 수 있기 때문에). 그러나 i번째 상태변수 Y_i는 메모리 소자에 의해서 일정한 시간 후에 i번째의 현재 상태로 변화하게 된다. 그러므로 $Y_i(t_n)$은 $y_i(t_n + t_{pd})$에서 결정된다.

여기서 t_{pd}는 Y_i정보가 메모리 소자를 통하여 전파하는 데 걸리는 전파시간 지연(propagation time delay)이라 정의한다. 배선 및 게이트에 의해서 발생하는 이러한 지연 때문에 2개 또는 그 이상의 입력 변수가 정확하게 동시에 변하는 것은 불가능하다. 따라서 어떤 임의의 순간에 변화될 수 있는 입력은 하나 뿐이며, 2개의 입력 변화 사이의 시간은 회로가 안정된 상태에 도달하는 데 소요되는 시간보다 길어야만 한다.

식 (10.2)와 같이 출력값이 회로 입력과 현재 상태의 두 개의 값에 의해 결정되는 순서 회로를 Mealy회로라 하며, 식 (10.3)과 같이 회로 출력이 단지 현재 상태에 의해서 결정되는 회로를 Moore회로라 한다. 그러나 이들 두 회로 사이에 근본적인 차이는 없다.

비동기 순서 회로의 경우 안정 상태(steady-state)에서 2차 변수와 여기 변수의 값은 같지만 상태 전이 동안은 서로 다르게 된다. 즉, 주어진 입력 변수에 대하여 $y_i = Y_i$인 안정 상태에 도달하면 이 시스템은 안정하다고 하며, 그렇지 못하면 시스템의 상태는 불안정하다고 한다. 따라서 비동기 순서 회로는 입력이 새로운 값으로 변화하기 전에 안정된 상태를 가져야만 정확히 동작하게 된다.

비동기 순서 회로의 분석 과정은 주어진 회로로부터 회로를 절단하여 조합 회로를 만들고, 조합 회로의 출력식과 여기식을 유도한다. 다음에 유도된 식으로부터 여기표와 전이표를 작성하고, 회로에 대한 안정성을 조사하면 된다. 여기에서는 먼저 비동기 순서 회로의 분석 과정에 대해 설명한다.

10-1 비동기 순서회로의 분석

비동기 순서회로의 분석은 동기 순서회로의 분석과 마찬가지로 입력의 변화에 따른 상태 변화에 대해 고찰하여야 한다. 일반적으로 비동기 순서회로를 분석하는 과정은 다음과 같이 4단계로 수행된다.

[단계 1] 비동기 순서회로의 조합회로화

[단계 2] 출력식과 여기식의 유도

[단계 3] 여기표 및 전이표의 작성

[단계 4] 회로의 안정성 조사

비동기 순서회로를 분석하기 위해서는 먼저 모든 귀환 경로를 절단하고 조합회로 형태로 변환해야 한다. 절단된 회로의 출력은 다음 상태인 여기 변수 $Y_i(t)$로 표시한다. 또한 출력에서의 귀환은 조합 논리회로의 입력이 되며, 현재 상태인 2차 변수 $y_i(t)$로 표시한다(그림 7-1 참조). 절단된 회로로부터 출력 Z와 여기변수 Y를 2차 변수 y와 입력변수 x에 대한 부울함수로 표현하여 이들 각각을 출력식(output equation)과 여기식(excitation equation)이라 정의한다. 여기표(excitation table)는 여기식을 카노프 맵으로 구성하여 간략화를 행하면 얻을 수 있다. 또한, 전이표(transition table)는 여기표의 안정 상태를 원으로 표시함으로써 얻을 수 있다. 이 전이표를 이용하면 하나의 입력 변수의 변화에 대한 안정 상태의 전이와 출력의 변화를 알 수 있다.

10-1-1 비동기 순서회로의 조합회로화

그림 10-1은 비동기 순서회로를 분석하기 위한 간단한 비동기 순서회로를 나타낸다. 이 회로를 분석하기 위해서 먼저 귀환 경로에 있는 게이트의 출력을 절단하여 조합회로를 얻는다. 여기서 A와 B는 입력 변수, y는 현재 상태를 나타내는 2차 변수이며, Y는 다음 상태를 나타내는 여기변수이다.

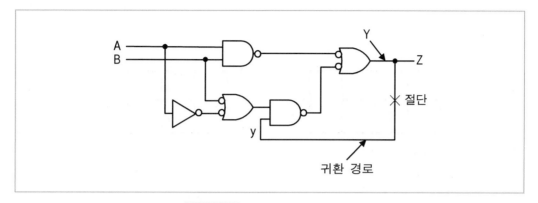

그림 10-1 비동기 순서회로의 예

10-1-2 출력식과 여기식의 유도

그림 10-1의 회로로부터 여기변수 Y에 대한 여기식(excitation equation)은 식 (10.4)와 같다.

$$
\begin{aligned}
Y &= (AB)' \cdot ((A'B)' \cdot y)')' \\
&= AB + y(A + B')
\end{aligned}
\tag{10.4}
$$

여기서 출력 Z는 여기변수 Y와 동일하므로 출력식과 여기식은 같다(Y=y)는 것을 알 수 있다.

10-1-3 여기표 및 전이표의 작성

식 (10.4)를 이용하면 그림 10-2(a)와 같은 여기표를 얻을 수 있다. 회로가 정확히 동작하는지를 확인하기 위하여 이 여기표로부터 회로 안정 상태(Y=y)를 조사해야 한다. 안정 상태에서는 입력이 변화하지 않으면 회로의 상태는 변화하지 않게 된다. 그림 10-2(b)의 전이표(transition table)에 나타난 것과 같이 안정 상태는 원으로 표시한다.

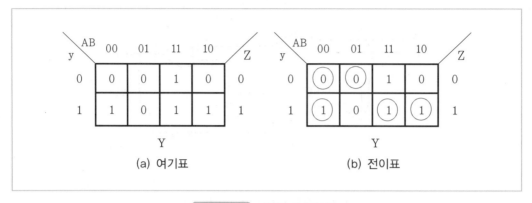

그림 10-2 여기표와 전이표

동기 순서 논리회로의 현재 상태는 플립플롭의 값에 의하여 결정되지만 비동기 순서 논리 회로에서는 입력이 변하자마자 바로 내부 상태가 변하게 된다. 이러한 동작 특성 때문에 흔히 입력값과 내부 상태를 함께 묶는 것이 편리한데, 이것을 회로의 전체 상태(total state)라 한다. 즉, 입력 A, B와 2차 변수 y의 값으로 전체 상태를 나타낸다. 비동기 순서 회로로부터 전이표를 얻는 과정을 요약하면 다음과 같다.

① 회로 내에 포함된 모든 귀환 경로를 결정한다.
② 변수 Y_i와 그에 해당하는 입력 y_i를 가진 각각의 귀환 경로의 출력을 결정한다.
③ 외부 입력 변수와 y의 함수로 된 모든 Y의 부울함수를 도출한다.
④ 행으로는 y변수, 열에는 외부 입력을 사용하여 각각의 Y의 함수를 도표에 그린다.
⑤ 각각의 사각형 내에서 Y의 값이 $Y = Y_1 Y_2 \cdots Y_k$가 되도록 모든 도표를 하나의 표로 묶는다.
⑥ 동일한 행에서 $y = y_1 y_2 \cdots y_k$가 되는 각각의 사각형 내의 Y값에 원을 그린다.

10-1-4 회로의 안정성 조사

입력 변화에 따른 상태 변화는 그림 10-3과 같다. 전이표에서 (A, B) = (0, 0)이면 2차 변수 y의 값에 상관없이 안정하다. 지금, 회로가 안정상태 (A, B, y) = (0, 0, 1)에 있으면 (별표(*)로 표시됨) 이 상태는 입력이변하지 않으면, 상태 변화가 없고 출력 Z = 1이다. 이

때 입력 B가 0에서 1로 변화(0→1)할 경우, 즉 (A, B, y)=(0, 1, 1)이면 이 상태는 Y≠y이므로 불안정하다. 따라서 안정 상태로 전이하기 위해서는 상태 (A, B, y)=(0, 1, 0)이 되어야 하며, 이러한 입력 조건은 Y=y, Z=0인 안정 상태로 전이하게 된다. 즉, 출력이 1인 안정한 상태에서 A를 그대로 유지하고 B를 0→1로 하면 2차 변수와 출력은 0이 되고 안정한 상태로 이동한다.

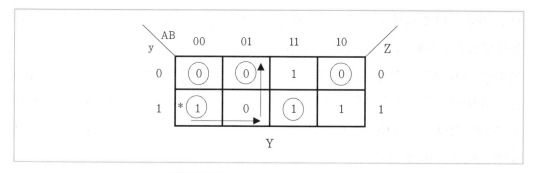

그림 10-3 입력 B의 변화에 따른 전이

위에서 설명한 방법을 이용하면 전이표로부터 입력의 변화에 따른 안정 상태의 흐름을 조사할 수 있다. 이러한 분석 과정을 반복적으로 수행하면 B=0일 경우에는 입력 A에 관계없이 안정된 출력을 얻게 되며, B=1일 때는 입력 A의 값이 출력되므로 그림 10-3의 회로는 D 래치(latch)임을 알 수 있다.

10-1-5 경주 조건과 사이클

경주 조건(race condition)은 비동기 순서 논리회로에서 입력 변수의 변화에 대하여 2개 또는 그 이상의 2진 상태 변수가 변할 때 존재한다. 이 경주 상태로 인하여 상태 변수들이 예측할 수 없는 형식으로 변할 수 있다. 예를 들어, 상태 변수가 01에서 10로 변해야 한다면, 지연의 차이 때문에 첫 번째 변수가 두 번째 변수보다 빨리 변화하여 변수가 01에서 11으로, 그리고 10의 순서로 변하는 결과가 될 수 있다. 만약 두 번째 변수가 첫 번째 변수보다 먼저 변할 경우 상태 변수는 01에서 00로, 그리고 다시 10의 순서로 변할 것이다. 따라서, 상태 변수가 변하는 순서를 미리 예측할 수가 없게 된다. 상태 변수의 변화하는 순서와 무관하게 그 회로가 도달하는 최종적인 안정 상태가 동일할 경우의 경주를 비임계적 경주(noncritical race)라 한다. 이에 반해, 상태 변수의 변화 순서에 따라 2개 또는 그 이상의 서로 다른 안정 상태로 갈 경우 이것을 임계적 경주(critical race)라 한다. 회로의 올바른 동작을 위해서는 이러한 임계적 경주는 피해야 한다.

그림 10-4는 비임계적 경주의 예를 보여주고 있다. 그림 10-4(a)에서 전체 회로가 안정 상태인 $y_1y_2x=000$에서 입력을 0에서 1로 변화시키면 상태 변수는 00에서 11로 변하게 되므로 경주 상태가 발생하게 된다. 이 예에서 가능한 상태 변수의 전이는 00→11(00에서 동시에 11로의 전이), 00→01→11(00에서 01을 거쳐 다시 11로의 전이), 00→10→11(00에서 10을 거쳐 11로의 전이)의 세 가지이다. 어떤 경우든지 최종적인 안정 상태($y_1y_2x=111$)는 동일하므로 이 세가지 경우는 비임계적 경주 상태임을 알 수 있다. 그림 10-4(b)의 경우 가능한 상태 변수의 전이는 00→11→01, 00→01, 00→10→11→01이며, 최종적인 안정 상태는 $y_1y_2x=011$이 된다.

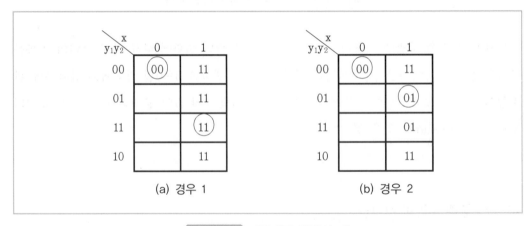

그림 10-4 비임계적 경주의 예

그림 10-5의 전이표는 임계적 경주의 예를 나타낸다. 회로가 안정한 상태 $y_1y_2x=000$에서 입력 x를 0에서 1로 변화시키면, 상태 변수는 00→11로 전이하게 된다. 만약 두 변수 모두 동시에 변화한다면 전체 안정상태는 $y_1y_2x=111$이 될 것이다. 10-5(a)에서는 지연이 서로 다르기 때문에 Y_2가 Y_1보다 먼저 1로 변한다면, 회로는 전체 안정 상태 $y_1y_2x=011$이 되어 그대로 머물게 된다. 그러나 Y_1이 먼저 변하게 된다면, 내부 상태는 10이 되어 전체 안정 상태는 $y_1y_2x=101$에 머물게 된다. 따라서 가능한 상태 변수의 전이는 00→11, 00→

01, 00→10이 된다.

이와 같이 상태 변수의 변화 순서에 따라 회로가 각기 다른 안정 상태에 전이하는 경주를 임계적 경주라 한다. 그림 10-5(b)의 전이표에서 가능한 상태 변수의 전이는 00→11, 00→01→11, 00→10이 된다. 이 경우, 2개의 가능한 전이는 최종적으로 하나의 전체 상태를 이루게 되지만 세 번째의 가능한 전이는 하나의 다른 전체 상태로 남게 되는 또 다른 임계적인 경주를 가지게 된다.

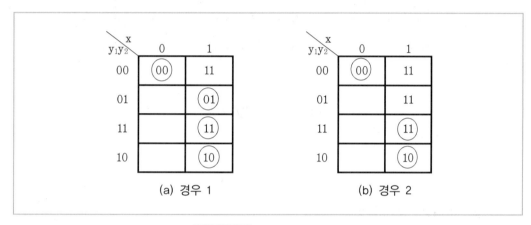

그림 10-5 임계적 경주의 예

이러한 경주 조건을 피하기 위해서는 상태 변수에 적절한 2진 변수를 할당하면 된다. 즉, 흐름표에서 상태 전이가 일어날 경우 하나의 상태 변수 만이 변할 수 있도록 상태 변수에 2진수를 할당한다.

경주 조건은 회로가 중간의 불안정한 상태를 거치도록 하되 특정한 상태 변수의 변화를 갖도록 함으로써 피할 수 있다. 이처럼 회로가 특유의 불안정 상태의 순서를 따라갈 때 이것을 사이클(cycle)이라 한다. 그림 10-6에 사이클이 발생하는 경우를 보였다. y_1y_2는 00에서부터 시작하고 입력 x를 0→1로 변화시킨다. 그림 10-6(a)의 전이표에서의 상태 전이는 00→01→11→10 이 되므로 회로의 안정 상태는 $y_1y_2x=101$에서 끝나는 유일한 순서를 가진다. 그림 10-6(b)의 경우는 상태 변수가 00에서 11로 전이 하더라도 그 사이클은 00→01→11이 되는 유일한 전이를 갖게 된다. 그림 10-6(c)의 경우는 불안정한 전이 상태(01→11→10의 반복)를 가지게 된다. 즉, 사이클이 안정 상태에서 끝나지 못하게 되므로 회로는 불안정한 상태에서 또다른 불안정 상태로 계속적인 반복을 수행하여 회로 전체가 불안정하게 된다.

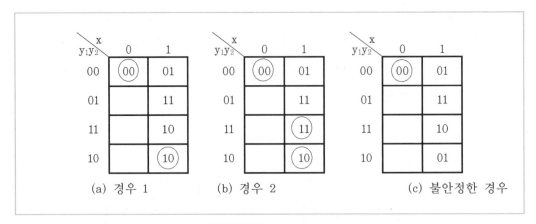

그림 10-6 사이클의 예

10-2 비동기 순서회로의 설계

이 절에서는 비동기 순서 논리회로인 게이트 발진기(gate oscillatior)를 설계 단계별로 설명한다. 먼저 비동기 순서 논리회로의 설계 절차(design procedure)를 단계별로 나열하면 다음과 같다.

[단계 1] 설계 명세의 기술

[단계 2] 원시 흐름표의 작성

[단계 3] 원시 흐름표의 상태 축소(필요한 경우)

[단계 4] 전이표, 여기표, 출력 맵의 유도

[단계 5] 여기식과 출력식에 따라 논리회로의 구현

10-2-1 설계 명세의 기술

게이트 발진기는 일정한 비율의 폭을 갖고 있는 펄스를 사용하여 클럭을 ON 또는 OFF 할 수 있는 발진 회로이다. 이러한 회로는 클럭과 AND 게이트를 이용하면 간단히 구성할 수 있다.

비동기 순서 논리회로를 설계시 설계 명세(design specification)는 일반적으로 타이밍 도로 주어지게 된다. 그림 10-7은 게이트의 발진기의 타이밍도를 나타낸다. 이 타이밍도 는 각 입력 조합(A, B)의 변화에 따라 출력(Z)의 변화를 보여준다. 초기 상태(A, B, Z) = (1, 0, 0)에서 시작하고 상태 0이라고 가정하자. A가 1에서 0으로 변할 때, 즉 (A, B, Z) = (0, 0, 0)일 때를 상태 1이라고 한다. 이 상태에서 A가 다시 1이 될 때, 상태 0이 된다. 만약 A가 1인 동안 B가 1이 되어 (A, B, Z) = (1, 1, 0)일 때 상태 2라고 한다. 모든 타이밍도를 조사하면, 그림 10-7과 같이 상태를 정의할 수 있다.

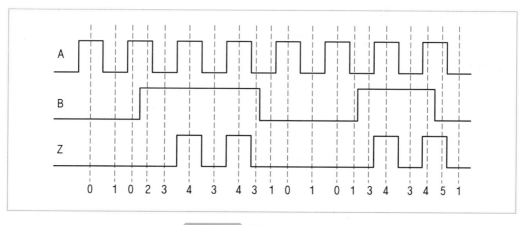

그림 10-7 발진기의 타이밍도

10-2-2 원시 흐름표의 작성

비동기 순서 논리회로의 설계시 각 상태들을 2진값 대신에 기호로 나타내는 표를 흐름표 (flow table)라 하고, 흐름표에서 각 행에 단 하나의 안정한 전체 상태를 갖도록 하는 것을 원시 흐름표(primitive flow table)라 한다. 전체 상태란 내부 상태와 입력의 조합으로 구 성됨을 유의하라. 그림 10-8은 그림 10-7의 타이밍도에서 직접 유도한 원시 흐름표를 나타낸다. 이 타이밍도로부터 원시 흐름표를 작성하기 위한 첫 단계는 원시 흐름표에서 안정 상태를 원으로 표시하는 것이다. 우선 첫 번째 행의 안정한 상태 0에 대해서 생각해 보자. 이 상태에서 입력(A,B)이 (1, 0)→(0, 0)으로 변화할 경우 상태는 같은 행의 0→1로 이동하게 되므로 일시적으로 불안정한 상태를 가진다. 이 경우 입력 열 (0, 0)의 첫 번째 행에 1을 기입한다. 이것은 최종적으로 첫 번째 열에서 안정한 상태인 두 번째 행으로 전이됨을 의미한다. 다음에, 상태 1→0으로의 전이는 두 번째 행의 입력이 (0, 0)→(1, 0)일 경우 발생하게 된다. 즉, (1, 0)인 열의 불안정한 상태(0)에서 첫 번째 행의 안정한 상태(0)로 전이하게 된다. 또한 안정 상태 0에서 입력이 (1, 1)로 변화할 때에는 안정 2로 전이하게 한다.

기본 모드에서는 두 개의 입력 변수가 동시에 변할 수 없으므로 각 행에서 안정 상태와 두 개의 변수가 다른 열을 무정의 조건으로 간주한다. 예를 들어, 첫 번째 행에서 안정 상태(1, 0)에서 (0, 1)인 열로의 전이는 발생하지 않는다. 또한 타이밍도에서 상태 전이가 없는 경우가 있다. 즉, 안정 상태 2에서 안정 상태 0, 안정 상태 5에서 안정 상태 4로의 전이는 없다. 이러한 경우에는 적당한 값으로 전이를 추가하거나 무정의 조건으로 정의하는 경우도 있는데, 그림 10-8의 경우에는 무정의 조건에 두 개의 임의의 상태를 (4)와 (0)으로 정의하였다.

AB	00	01	11	10	Z
0	0	−	2	⓪	0
1	①	3	−	0	1
0	−	3	②	(0)	0
1	1	③	4	−	1
0	−	3	④	5	0
1	1	−	(4)	⑤	1

그림 10-8 원시 흐름표

10-2-3 원시 흐름표의 상태 축소

원시 흐름표는 각 행에 단 하나의 안정 상태를 가진다. 만약 흐름표의 같은 행에 2개 또는 그 이상의 안정 상태가 있으면 이 표는 더 적은 수의 행으로 축소될 수 있다. 분리된 행들로부터 하나의 공통된 행으로 안정 상태를 묶는 것을 통합(merge)이라 한다. 원시 흐름표를 축소하기 위해서는 두 개 또는 그 이상의 행에서 대응하는 열의 상태가 같으면 하나의 행으로 통합하면 된다. 즉, 각각의 행에서 열의 쌍이 같은 상태, 혹은 무정의 상태이면 원시 흐름표를 통합할 수 있다. 원시 흐름표를 축소하기 위하여 그림 10-8의 흐름표를 그림 그림 10-9(a) 처럼 분리시켰다.

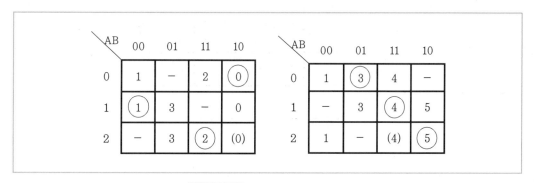

그림 10-9 통합을 위한 상태표

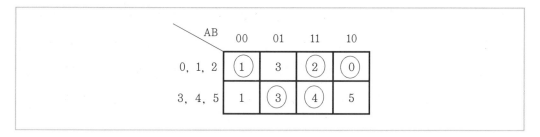

그림 10-10 축소된 원시 흐름표

그림 10-9의 원시 흐름표에 있어서 상태 0, 1, 2는 하나의 행으로 통합될 수 있다. 즉, 첫 번째 열과 네 번째 열은 상태 1과 상태 0으로 같은 상태를 나타낸다. 또한 두 번째 열과 세 번째 열에서 한 행은 상태 3과 상태 2를 가지며, 다른 행은 무정의 조건을 나타내기 때문이다.

세 개의 행(상태 0, 1, 2)이 통합되면 그림 10-10의 첫 번째 행에 나타난 바와 같이 첫 번째 열에 안정한 상태 1을, 두 번째 열에 불안정한 상태 3을, 세 번째 열에 안정한 상태 2, 그리고 마지막 열에 안정한 상태 0을 갖게 된다.

동일한 방법을 이용하면 그림 10-10의 두 번째 행에 나타난 것처럼 나머지 세 가지 상태 3, 4, 5도 한 개의 행으로 통합할 수 있다.

그림 10-11은 그림 10-10의 흐름표에 상태 1, 2, 3을 상태 a로, 상태 3, 4, 5를 상태 b로 할당한 경우 축소된 상태와 출력을 보이고 있다.

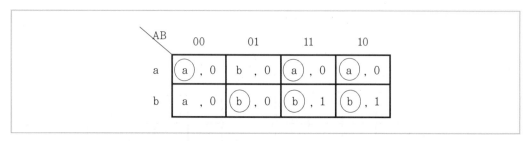

그림 10-11 축소된 상태와 출력

10-2-4 전이표, 여기표, 출력 맵의 유도

회로를 작성하기 위해서는 축소된 흐름표로부터 전이표를 유도해야 한다. 전이표는 필요한 상태 변수의 수를 결정하고, 상태 변수들에 2진값을 흐름표의 각 행에 할당하여 작성한다. 그림 10-11에서 두 개의 행이 존재하므로, 하나의 상태 변수가 필요하다. 그림 10-12에 전이표를 보였으며, 그림 10-13은 최종적인 여기표와 출력 맵을 보였다.

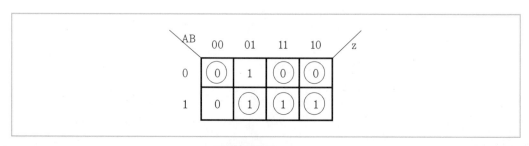

그림 10-12 전이표

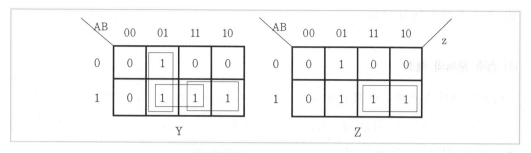

그림 10-13 여기표와 출력 맵

10-2-5 논리회로의 구현

여기표와 출력표로부터 간소화하면 여기식과 출력식을 얻을 수 있는데, 여기식과 출력식은 다음과 같이 표현할 수 있다.

$$Y = A'B + yA + yB$$
$$Z = yA$$

여기식에 포함된 항 yB는 여분항으로서 해저드 방지를 위한 것이다. 해저드에 대해서는 다음절에 좀더 자세히 설명하기로 한다. 이 부울식으로부터 논리회로를 유도하면 그림 10-14와 같은 게이트 발진 회로를그릴 수 있다.

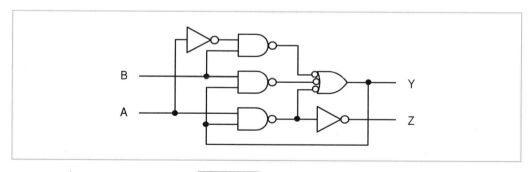

그림 10-14 게이트 발진기

10-2-6 경주 문제와 해저드

(1) 경주 문제의 해소

비동기 순서 논리회로가 복잡해지면 앞의 설계 예에서 처럼 간단한 회로에서는 나타나지 않았던 문제점들이 나타나게 된다. 그러한 문제점중의 하나는 경주(race)를 피하기 위해 상태를 할당하는 것이다. 이 경우 경주는 제거될 수 있으나, 흐름표에 부가적인 상태를 추가할 경우가 있다.

그림 10-15(a)에 통합된 흐름표를 나타내었다. 이 흐름표에서 네 개의 행이 존재하므로, 네 개의 상태를 나타내기 위해 두 개의 상태 변수가 필요하다. 두 개 혹은 그 이상의 상태 변수가 동시에 변화하면, 임계적 경주가 발생할 수 있다. 따라서 흐름표에서 회로가 불안정한 상태로부터 안정한 상태로 전이될 경우에 이들 두 행에 대한 상태 변수의 할당은 단지 하나의 상태 변수만이 변해야 한다. 이러한 행들을 인접 행(adjacent row)이라고 한다. 예를 들어, 그림 10-15(a)에서 (x, y) = (0, 0)인 열에서 불안정 상태 1과 0이 있다. 이러한 불안정 상태에서 안정한 상태 1과 0으로 전이하기 위해 행 c와 b, 그리고 d와 a는 인접해야만 한다. 행(x, y) = (1, 1)을 살펴보면, 행 b, d와 행 a, c도 인접해야 함을 알 수 있다. 인접 행 사이에는 그림 10-15(b)와 같이 실선으로 연결하여 인접도(adjacent diagram)를 작성한다.

또한 (x, y) = (1, 0)인 열도 두 개의 불안정한 상태 6이 있으며, 이러한 불안정한 상태에서 안정한 상태 6으로 전이하기 위해 행 a와 b 그리고 행 c와 b가 인접해야 한다. 그러나 행 b와 c가 이미 인접 행이므로 행 a와 b의 인접에 관해서만 조사하자.

우선 행 a에서 불안정한 상태 6은 행 c의 불안정한 상태 6으로 전이한 후에 행 b의 안정 상태 6으로 전이하면 된다. 마찬가지로 행 b의 불안정한 상태 2는 행 d의 불안정한 상태 2를 거쳐 행 a의 일정한 상태 2로 전이하면 된다. 따라서 행 a와 b는 반드시 인접할 필요가 없다. 이것은 인접도에서 점선으로 나타내고 있다. 동일한 방법을 (x, y) = (0, 1)에서도 적용할 수 있다. 그림 10-15(b)는 각 행의 인접도를 나타낸다. 그림 10-15(c)는 경주가 발생하지 않는 상태표이다. 이러한 상태표를 기본으로 하여 최종적으로 그림 10-15(d)와 같은 무경주 상태 할당이 된 전이표를 작성할 수 있다.

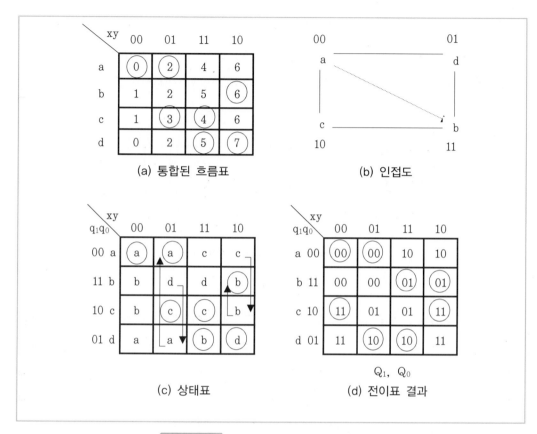

(a) 통합된 흐름표

(b) 인접도

(c) 상태표

(d) 전이표 결과

Q_1, Q_0

그림 10-15 상태 할당으로 경주 문제 해소

(2) 해저드(hazard)

회로의 오동작(circuit malfunction)은 주로 회로 지연(circuit delay)에 기인된다. 이러한 지연은 모든 회로 소자가 갖고 있는 고유 특성이라 할 수 있다. 지연에 의해서 조합회로는 transient error 나 spike를 발생하게 되는데, 이러한 현상을 hazard라 한다. 만약 이러한 오류가 FF의 입력으로 인가된다면 이 회로는 부정확한 상태(incorrect state)를 갖게 될 것이다. 동기회로의 경우에는 조합회로가 안정한 상태를 가진후에 클럭 펄스를 사용하면 이러한 상태를 방지할 수 있다. 비동기 순서 회로에 있어서의 해져드는 가능한 해저드를 검사하고, 해져드를 포함한지 않는 회로를 설계하므로써 회로의 오 동작을 방지할 수 있다.

해져드는 정적 1-해져드(static 1-hazard), 정적 0-해져드(static 0-hazard), 동적 1-해져드(dynamic 1-hazard), 그리고 동적 0-해져드(dynamic 0-hazard)로 나눌 수 있다.

정적 1(0)-해져드는 안정된 신호 1(0)에서 펄스 0(1)을 발생한다. 동적 0(1)-해져드는 신호가 1(0)에서 0(1)으로 변화할 때 불 필요한 신호의 변화인 0→1(1→0)를 포함한 신호를 발생하게 된다. 그림 10-16은 해져드의 형태에 대한 예를 나타낸다.

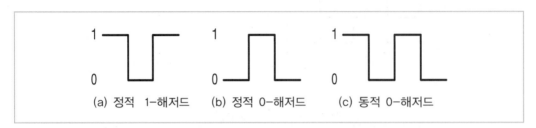

그림 10-16 해져드의 형태

<조합 회로의 해져드>

그림 10-17(a)의 회로는 해져드의 발생에 대한 예를 설명하기 위한 그림을 나타낸다. 이 회로의 동작은 논리적으로 설명하면 $x_1=x_3=1$ 인 동안은 x_2의 값과 무관하게 출력 Y의 값은 1을 갖게 될 것이다. 그러나 실제의 경우 인버터를 통한 전파 지연이 발생하기 때문에 입력 x_2가 1→0이 될 때 회로의 출력은 순간적으로 0의 값을 발생한후 안정된 값 1을 갖게 되어 이 회로는 비정상적으로 동작하게 된다(정적 1-해져드).

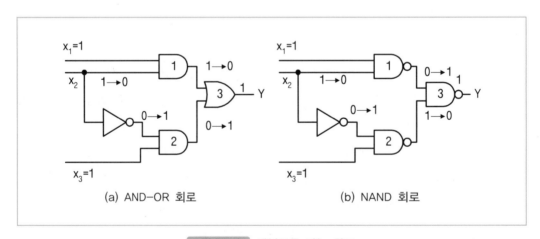

그림 10-17 해져드를 갖는 회로

그림 10-17(b)의 회로는 같은 부울함수를 NAND로 구현한 것이며, 이 회로도 또한 해져드를 포함하고 있다.

그림 10-17(a)의 회로를 SOP의 형태로 표현하면 다음과 부울 함수를 얻을 수 있다.

$$Y = x_1 x_2 + x_2' x_3$$

이러한 형태를 아래에 나타난 POS 형태로 구현한다면 그때 출력이 0으로 안정한 값을 가지기 전에 순간적으로 1의 값을 갖게 될 것이다.

$$Y = (x_1 + x_2')(x_2 + x_3)$$

따라서 이회로는 앞에서 이미 설명한 정적 0-해져드를 포함한 회로로 동작하게 될 것이다.

이 회로를 실제 논리회로로 구현한 후 어떻게 해서 정적 0-해져드를 포함한 회로인지를 조사하여 보아라.

해저드의 발생 여부는 특정한 회로에 대한 맵을 검사함으로써 쉽게 알 수 있다. 그림 10-17(a)에 구현된 회로를 맵으로 표현하면 그림 10-18과 같다(* 부분은 포함되지 않음). x_2가 1에서 0으로 변화할때 $x_1 x_2 x_3$는 최소항 111 → 101로 변화하게 된다. 즉, 입력 변화가 2개의 최소항을 포함하는 또 다른 적의 항을 이루기 때문에 해저드가 발생하게 된다. 최소항 111은 그림 10-17(a)의 게이트 1에서 구현된 적의 항에 포함되고, 101은 게이트 2에서 구현된 적의 항으로 감싸지게 된다.

회로가 1개의 적의 항으로부터 다른 적의 항으로 이동해야 할 때는 언제나 어느 항도 1이 아닌 순간적인 시간 간격이 존재하기 때문에, 이때 원하지 않는 0의 출력, 즉 정적 1-해져드가 발생하게 된다.

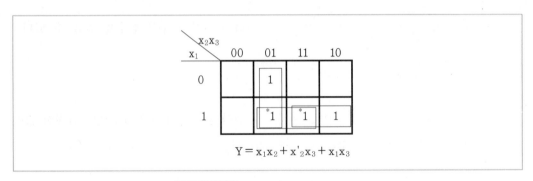

$$Y = x_1x_2 + x'_2x_3 + x_1x_3$$

그림 10-18 해저드 제거를 위한 맵

해져드를 제거하기 위하여 여분(redundant)의 최소항인 x_1x_3을 포함시켜야 한다. 즉, 해져드를 일으키게 되는 2개의 최소항을 1개의 적의 항으로 중첩되도록 적의항 x_1x_3을 가지고 2개의 최소항을 둘러싸게 한다. 이것을 맵으로 나타내면 그림 10-18과 같으며, 적의항 x_1x_3을 포함한 해져드 없는 회로(hazard free)를 구성하면 그림 10-19와 같다. 이 회로에서 알 수 있듯이 x_2가 1에서 0으로 변화에 무관하게 안정된 출력값 1을 얻을 수 있기 때 정적 1-해져드를 제거할 수 있다.

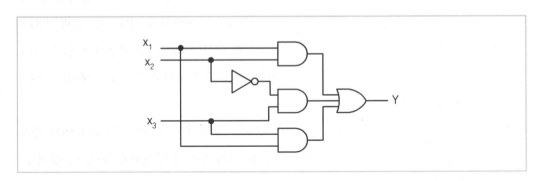

그림 10-19 해저드가 없는 회로

✎ 순서 회로의 해저드

조합회로를 포함한 동기회로의 경우에는 조합회로가 안정한 상태를 가진 후에 클럭 펄스를 사용하기 때문에 해저드는 문제가 되지 않는다. 그러나 만약 순간적으로 틀린 신호가 비동기 순서 논리회로의 입력으로 입력된다면, 이것은 회로를 잘못된 안정 상태로 가게 하는 원인이 될 수 있다. 이것을 그림 10-20의 예에서 설명하였다. 만약 회로가 전체 안정 상태 yx1x2＝111에 있고, 입력 x_2가 1로부터 0으로 변화한다면, 다음의 전체 안정 상태는 110이 될 것이다. 그러나 해저드로 인하여 출력 Y는 순간적으로 0의 값을 가지게 되며, 이러한 신호가 인버터의 출력이 1로 되기 전에 게이트 2로 feedback된다면, 게이트 2의 출력은 0의 값을 가지게 되고, 이 회로는 틀린 전체 안정 상태 010으로 전환될 것이다. 이와 같이 잘못된 동작은 그림 10-19에서 한 것처럼 여분의 게이트를 추가함으로써 제거될 수 있다.

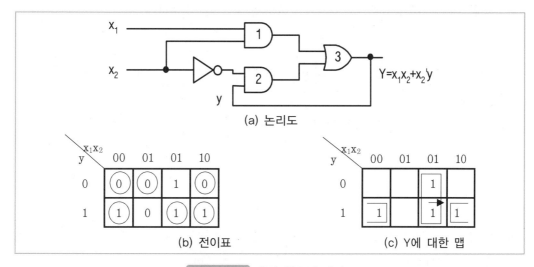

그림 10-20 순서 회로의 해저드

본질적 해저드(essential hazard)

비동기 순서 논리회로에서 일어날 수 있는 또 다른 형태의 해저드가 본질적 해저드이다. 본질적 해저드는 동일한 입력으로부터 시작되는 2개 또는 그 이상의 경로에 대해서(fan-out path) 서로 다른 신호의 지연에 의해 발생한다. 즉, 그 귀환 경로와 관련된 지연과 동일한 인버터 회로를 통한 과도한 지연으로 인하여 본질적 해저드가 발생할 수 있다. 본질적 해저드는 정적 해저드에서의 해져드 제거방법(여분의 게이트 사용)을 사용해도 제거할 수 없다. 본질적 해저드를 제거하기 위해서는 회로의 각 귀환 루프는 귀환 경로에서 발생한 지연이 입력 단자들로부터 시작되는 다른 신호의 지연에 비해 충분히 길도록 회로를 설계해야 한다.

연습문제

01   무어(Moore) 회로와 밀리(Mealy) 회로의 차이점을 기술하라.

02   동기식 순서회로와 비동기식 순서회로의 차이점을 설명하라.

03   다음의 비동기식 순서회로에 대해서 전이표와 출력맵을 유도하라.

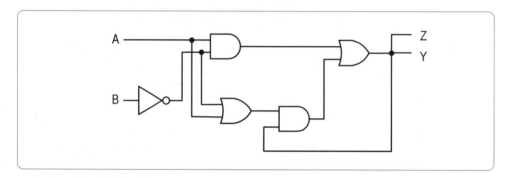

04   입력 x, y의 값이 00, 01, 11일 경우에만 출력 z의 값이 1을 가지는 비동기 순서회로의
     원시 흐름표를 작성하라.

05   정적 해저드와 동적 해저드를 설명하고, 비동기식 순서회로에서 경주가 발생하는 이유에
     대해서 설명하라.

06   다음 부울 함수에 대해서 정적 해저드를 포함하지 않는 회로를 그려라.

$$F(w, x, y, z) = \sum(0, \ 2, \ 6, \ 7, \ 8, \ 10, 12)$$

찾아보기

강민섭
- Osaka University 전자공학과(공학박사)
- 한국전자통신연구원(ETRI) 선임연구원
- University of California, Irvine 객원교수
- 안양대학교 컴퓨터 공학과 교수

디지털 논리회로설계

1판 1쇄 인쇄 2016년 09월 10일
1판 1쇄 발행 2016년 09월 17일
저   자 강민섭
발 행 인 이범만
발 행 처 **21세기사** (제406-00015호)
          경기도 파주시 산남로 72-16 (10882)
          Tel. 031-942-7861   Fax. 031-942-7864
          E-mail : 21cbook@naver.com
          Home-page : www.21cbook.co.kr
          ISBN 978-89-8468-691-5

정가 20,000원